HEFT 2–3 1954

Postversandort Berlin

ZEITSCHRIFT FÜR METEOROLOGIE

Herausgegeben vom
Meteorologischen und Hydrologischen Dienst
der Deutschen Demokratischen Republik

AKADEMIE-VERLAG GMBH · BERLIN

ZfMet. Bd. 8 Heft 2/3 S. 33–96 Berlin, Februar/März 1954

Inhaltsverzeichnis

Z E I T S C H R I F T F Ü R
METEOROLOGIE

BAND 8 · HEFT 2/3 FEBRUAR/MÄRZ 1954

551.524.1:551.576

Temperaturwellen als Hilfsmittel zur Registrierung des ganztägigen Bewölkungsganges

Von **L. Heckert**

Mit 9 Abbildungen

Zusammenfassung: Es wird gezeigt, wie sich fast sämtliche Anomalien des täglichen Temperaturganges, soweit sie nicht frontalen Ursprungs sind, auf die Bewölkung zurückführen lassen. Die Verknüpfung ist so eng, daß aus dem Thermogramm der Bewölkungsgang und aus den Strahlungsaufzeichnungen die Struktur des Thermogramms ersehen werden kann. Die aus den Vergleichen gefundenen Regeln werden in entsprechender Abwandlung zur Bestimmung des nächtlichen Bewölkungscharakters aus den Temperaturwellen herangezogen.

Besondere Registrierinstrumente und -methoden, die einen vom gewohnten abweichenden Einblick gestatten, verführen leicht zu gewagten Hypothesen, deren Nachweis sich dann nicht immer erbringen läßt. Dies lag bei unseren Registrierungen, von denen hier einige Beispiele diskutiert werden, mit ihren auffallenden Temperaturgängen in oft ausgeprägten Sinus-, Kippschwingungs- und Zackenformen auch nahe. Eine dem Bilde nach ähnliche Erscheinung wird in der Literatur zweimal beschrieben, bei *Robitzsch* [1] als „Talphänomen“ auf Spitzbergen und bei *Defant* [2] als Föhneffekt. Die dort zur Erklärung gegebenen Bedingungen treffen aber für Potsdam nicht zu. Man ist schließlich höchst erstaunt, wenn die Ursache solcher mit Spezialinstrumenten hervorgehobenen und sonst meist übersehenen Gegebenheiten so trivialer Natur ist wie in dem hier vorliegenden Fall; sie besteht bis auf wenige Ausnahmen ganz eindeutig in einer thermischen Auswirkung der durch die wechselnde Bewölkung variierten Strahlungsverhältnisse. Überraschend ist die Größe und Geschwindigkeit, mit der die Luft darauf reagiert. Diese besonderen Temperaturgänge werden im folgenden wegen ihres Registrierbildes als *Temperaturwellen* bezeichnet. Die Frage, wie weit dieses Registrierbild dem tatsächlichen Temperaturverlauf entspricht, wird weiter unten behandelt. Von Temperaturwellen wird dann gesprochen, wenn ein kontinuierlicher sinus-, kippschwingungs- oder zackenförmiger Verlauf über mehrere Minuten für das einzelne Gebilde verzeichnet ist. Mit dieser Benennung wird gleichzeitig eine Abgrenzung gegen die Temperaturunruhe geschaffen, die gemäß ihrer Entstehungsweise in sprunghaften Temperaturänderungen der zeitlichen Größenordnung von wenigen Sekunden besteht und wegen der hierfür üblichen trägheitsarmen Meßmethoden ein diesen entsprechendes Bild liefert. Unter den notwendigen Voraussetzungen besteht sie als eine Überlagerung der Temperaturwellen fort.

Das Instrumentarium bestand aus 17 fünfzigohmigen Cu-Widerstandsthermometern, die über die bekannte Brückenschaltung an drei H & B-Sechsfarbenschreiber gelegt waren. Die Thermometerspulen waren in Messinghülsen eingelassen; als Kontaktmasse zwischen Drahtwicklung und Hülse wurde Kolophonium verwandt. Der Trägheitskoeffizient lag bei etwa 80 sec, also um rund 30% höher als der eines trockenen Augustthermometers, und bewirkte eine restlose Unterdrückung der Temperaturunruhe. Als Stromquelle dienten die handelsüblichen 1,5 Volt-Luftsauerstoffelemente, die wegen ihrer Temperaturempfindlichkeit in einem Thermostaten aufbewahrt wurden. Durch einen Widerstand vor der Brücke wurde der Ausschlag so begrenzt, daß die Skalenbreite von 10 cm ein Temperaturintervall von 20° umfaßte. Die Punktfolge an den Schreibern betrug teils 40 sec, teils 30 sec; das ergab im Durchschnitt nach je 12 sec eine Punktung. Da sich die Wellen auf allen drei Streifen vollständig zur Deckung bringen lassen, erhält deren Realität durch diese enge Punktfolge noch eine besondere Erhärtung.

Die Meßstelle befand sich im Wald (Mischwald) unter einer großen Eiche. Die Thermometer waren in 15 cm Höhe frei über einem Tisch, parallel zu dessen Platte, gehaltert. Durch den Wald, die große Eiche und ein weit übergreifendes Schutzdach in 1,50 m über der Tischplatte waren die Thermometer sicher vor direkter Ein- und Ausstrahlung geschützt, so daß einwandfrei Lufttemperaturen gemessen wurden. Eine zusätzliche Belüftung erfolgte durch einen in 1,20 m Entfernung von den Thermometern an einer Tischkante befestigten Ventilator mit einem Flügelraddurchmesser von

50 cm; seine Größe verhinderte gleichzeitig eventuelle mikrometeorologische Bildungen. Ein Regelwiderstand gestattete, Windgeschwindigkeiten bis 4 m/sec einzuschalten. Geschwindigkeitsänderungen am Ventilator blieben, wie zu erwarten, ohne erkennbaren Einfluß auf die Temperaturanzeige; damit entfiel die Sorge bezüglich einer Beeinflussung der Thermometer durch die Überlagerung dieses künstlichen mit dem natürlichen Windfeld. Für die Dauerregistrierungen lieferte der Ventilator eine Umströmungsgeschwindigkeit von 2 m/sec.

Die im Vergleich zu den Thermographen geringere Trägheit der Widerstandsthermometer, der größere Papiervorschub von 20 bzw. 60 mm/Std. gegenüber 1,65 mm/Std. beim Wochen- bzw. 11,2 mm/Std. beim Tagesthermographen, die Skalenbreite von 5 mm/°C gegenüber 1 mm/°C und

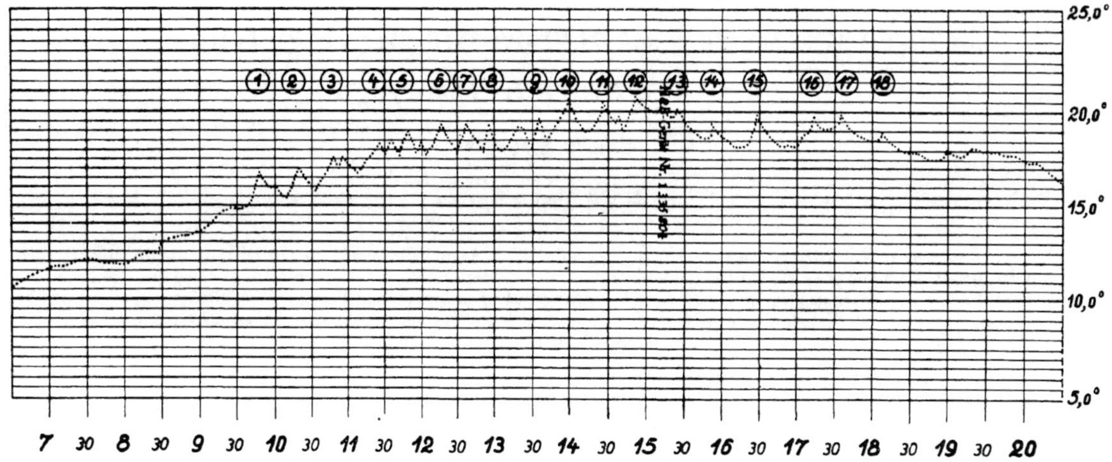

Abb. 1a

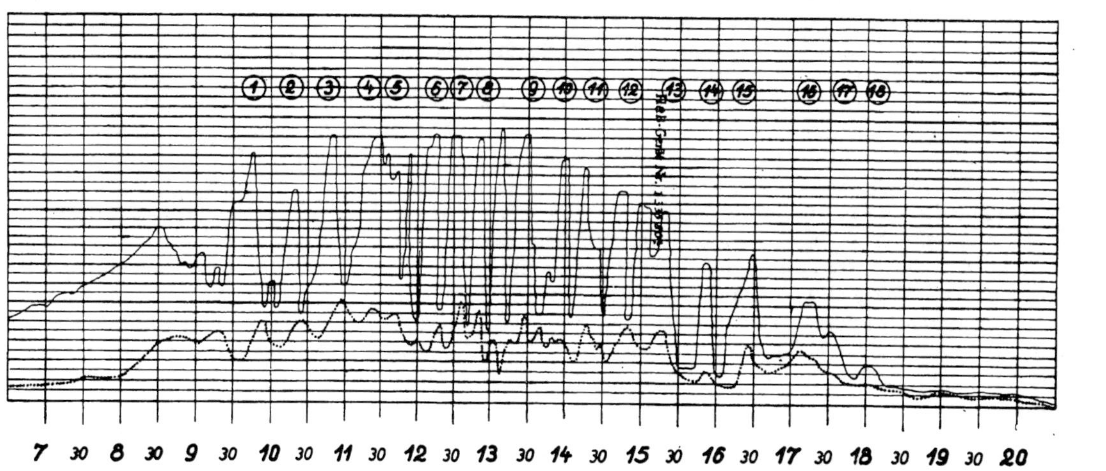

Abb. 1b

Abb. 1a u. *b.* Temperaturwellen und Strahlung am 27. 7. 1951. Mit abnehmender Dauer und Intensität der Einstrahlungsperioden gehen die Zacken- in Kippschwingungsformen über.

das reibungslose Übertragungssystem — diese vier Besonderheiten der Apparatur bringen die Temperaturwellen als geschlossenen Linienzug zur Darstellung.

Ein vollkommen ungestörter Tagesgang der Lufttemperatur ist eine solche Seltenheit, daß die berühmte ausgeglichene Tagesperiode geradezu als Prototyp für jene Art von Mittelungen gelten kann, die vom Einzelfall praktisch nie erreicht werden. Selbst in den stabilsten Hochdrucklagen bei absoluter Wolkenlosigkeit zeigt der Temperaturgang nicht den idealen Verlauf, sondern ist durch Abweichungen, die auf Umschichtungen größeren räumlichen Ausmaßes hinweisen, unterbrochen. Im übrigen wirkt sich jede einzelne an der Sonne vorüberziehende Wolke auf die Lufttemperatur aus. Wie weit solche Auswirkungen erfaßt werden, hängt einzig von der Meßanlage ab, und eine Beantwortung der Frage, wie weit ihre Erfassung sinnvoll ist, bleibt den Interessenten an der Lufttemperatur überlassen. Hier sei zunächst nur auf die Registrierungen mit unserem speziellen Instrumentarium und die daraus gefolgerten Rückschlüsse hingewiesen. Die rein makrometeorologischen Vorgänge, wie Frontendurchzüge, sind in dieser Betrachtung sorgfältig herausgelassen.

Die Registrierungen liefen insgesamt über ein Jahr. In diesem Zeitraum, in dem nur einzelne Tage wegen Nacheichungen und sonstiger Veränderungen ausfielen, findet sich kein einziger Tag mit einem ungestörten, gewissermaßen idealen Temperaturgang. Andererseits sind bei einer getrennten Betrachtung nur der Tagesanteile zwischen Sonnenaufgang und Sonnenuntergang einzig die wolkenlosen Tage zu nennen, deren Abweichungen von einem ausgeglichenen Temperaturgang *nicht* durch einzelne Wolken, oder bei bedecktem Himmel durch Helligkeitsschwankungen, zu erklären sind. Wie weit die gleichen Ursachen, die die Störungen an wolkenlosen Tagen auslösen, auch an den

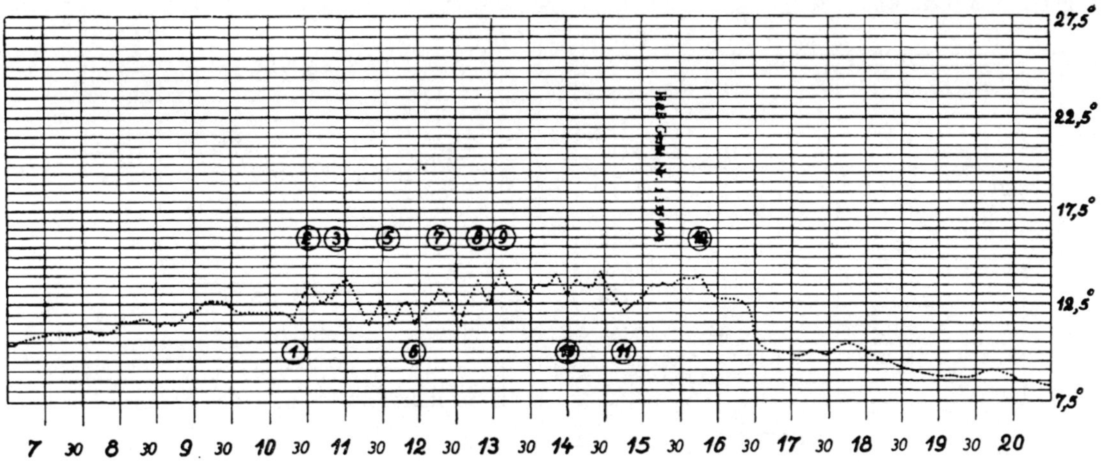

Abb. 2a

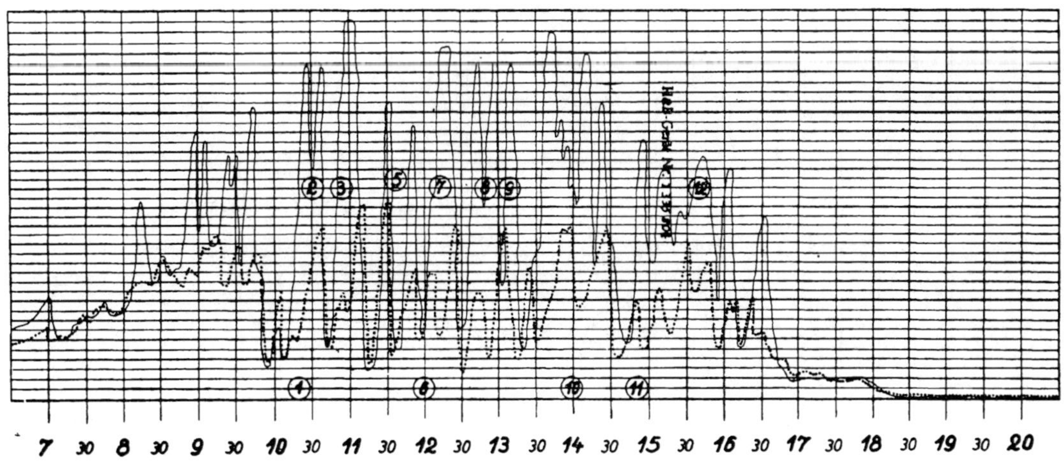

Abb. 2b

Abb. 2a u. *b*. Temperaturwellen und Strahlung am 19. 9. 1951.

anderen Tagen zu einer Wirkung gelangen, ist aus dem vorliegenden Material nicht zu ersehen, da der durch die Bewölkung hervorgerufene Effekt ungleich größer ist.

Die Unterlagen für die Bewölkungs- und Helligkeitsverhältnisse stammen aus den Registrierungen zweier Moll-Gorczinsky-Solarimeter, deren eines die Global-, das andere die Himmelsstrahlung aufzeichnet. Sie wurden mir freundlicherweise von der Strahlungsabteilung des Hauptobservatoriums für diesen Zweck ausgeliehen. Die Abbildungen der Strahlungsregistrierungen sind überhöhte Freihandzeichnungen nach den Originalen und in dieser Art nur als Gangaufzeichnungen zu werten. Es mußten dabei auch einige Einzelheiten fortgelassen werden, die andernfalls bei der starken Verkleinerung (120 mm/Std. im Original) das Wesentliche nicht hätten hervortreten lassen, wobei diese Vereinfachungen aber keineswegs einer Schematisierung gleichkommen. Dagegen sind die Abbildungen der Temperaturregistrierungen exakt nach den Originalen gezeichnet.

Die eindrucksvollsten Temperaturaufzeichnungen sind die Kippschwingungs- und Zackenformen, wie sie in den Abbildungen 1 bis 3 wiedergegeben sind. Ihr Zustandekommen nach Form und Größe ist aus den Wolkenaufzeichnungen leicht abzuleiten. Die markantesten zusammengehörenden Punkte sind mit gleichen Ziffern gekennzeichnet. Dazwischen sind aus Verzögerungen und Beschleunigungen im Temperaturgang auch noch viele Feinheiten des Bewölkungscharakters herauszulesen. Derart scharf geprägte Registrierkurven sind in erster Linie in der wärmeren Jahreshälfte einschließlich Frühling und Frühherbst anzutreffen, denn sie setzen große Unterschiede in der Einstrahlung voraus, also ebenso eine kräftige Strahlung wie auch dichte, stark abschirmende Wolken. Die Strahlungseinbuße infolge der geringeren Sonnenhöhe im Frühjahr und Herbst wird offensichtlich durch die größere Reinheit der Luft kompensiert, wie dies auch aus dem jährlichen Gang der Intensität der Sonnenstrahlung hervorgeht, denn es zeigen sich gerade im September und April besonders klare, prägnante Wellenformen.

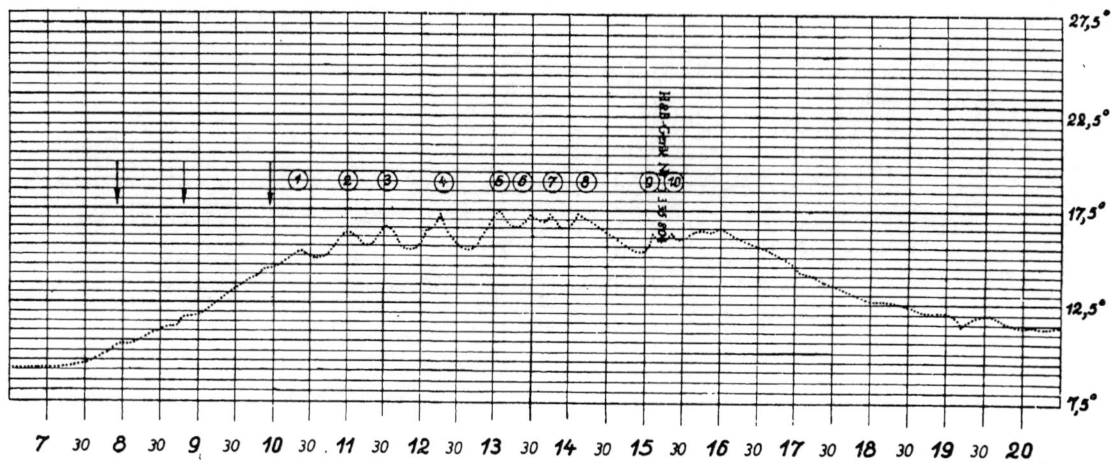

Abb. 3a

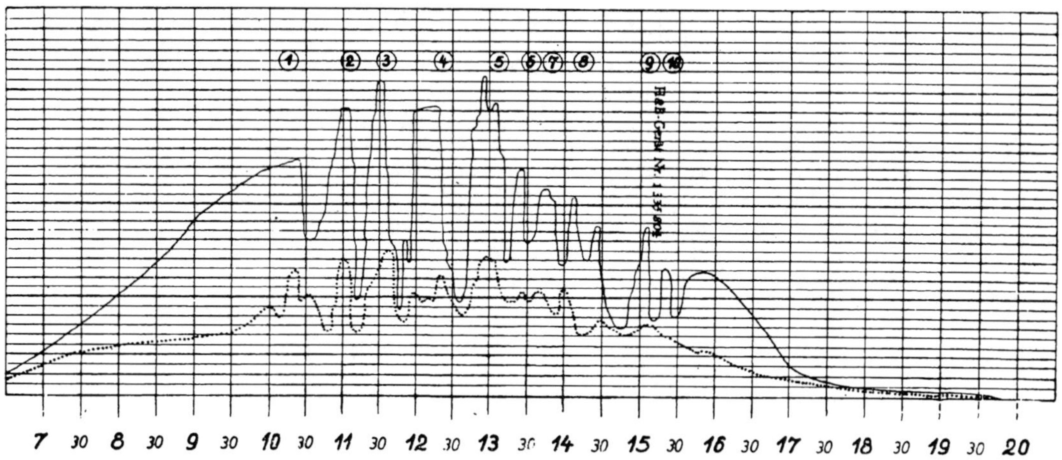

Abb. 3b

Abb. 3a u. *b*. Temperaturwellen und Strahlung am 3. 10. 1951. Nur Sinus- und Kippformen als Folge der langen Perioden und des niedrigeren Sonnenstandes.

Im Winter sind Kipp- und Zackenformen gar nicht anzutreffen. Auch das erscheint verständlich, da die Voraussetzungen nicht vorhanden sind. Der niedrige Sonnenstand, die meist diesige Atmosphäre, die ungünstigen Absorptionsverhältnisse des Schnees und die flacheren Wolken lassen solche extremen Temperaturänderungen nicht aufkommen. Während im Sommer unter Umständen jeder Sonnenstrahl durch kleinste Wolkenlücken seine Spuren im Thermogramm hinterlassen kann, so jetzt nur längere Sonnenscheinperioden oder die Summation vieler kurzer Einstrahlungen, oder es treten gar die Durchbrüche einer blassen Sonne weniger in Erscheinung als längere Helligkeitsschwankungen bei im ganzen bedeckten Himmel. Aber auch die Helligkeitsschwankungen müssen schon ein bestimmtes Maß an Intensität und Dauer überschreiten, um eine Temperaturwelle erzeugen zu können (Abb. 4). Im allgemeinen beherrschen an Wintertagen flache, sinusförmige Wellen das Temperaturbild. Die häufigste Tageszeit ihres Auftretens sind die Mittagsstunden, wohingegen sie im Sommer öfter von Sonnenaufgang bis Sonnenuntergang zu beobachten sind, natürlich mit den größten Amplituden auch zur Mittagszeit. Ab Ende März, in Ausnahmefällen schon im Februar, werden die Wellen in Form und Anzahl wieder charakteristischer.

Nach einiger Übung im Vergleichen der Wolken- und Temperaturregistrierungen lassen sich beim Vorhandensein nur einer der beiden Aufzeichnungen ziemlich sichere Angaben über den Verlauf der anderen machen. Es seien einige Regeln zusammengestellt, die sich aus dem vorliegenden Material anbieten:

1. Zackenformen kommen nur in der warmen Jahreszeit einschließlich Frühjahr und Herbst vor. Sie werden durch einzelne kompakte, in verhältnismäßig kurzen Abständen einander

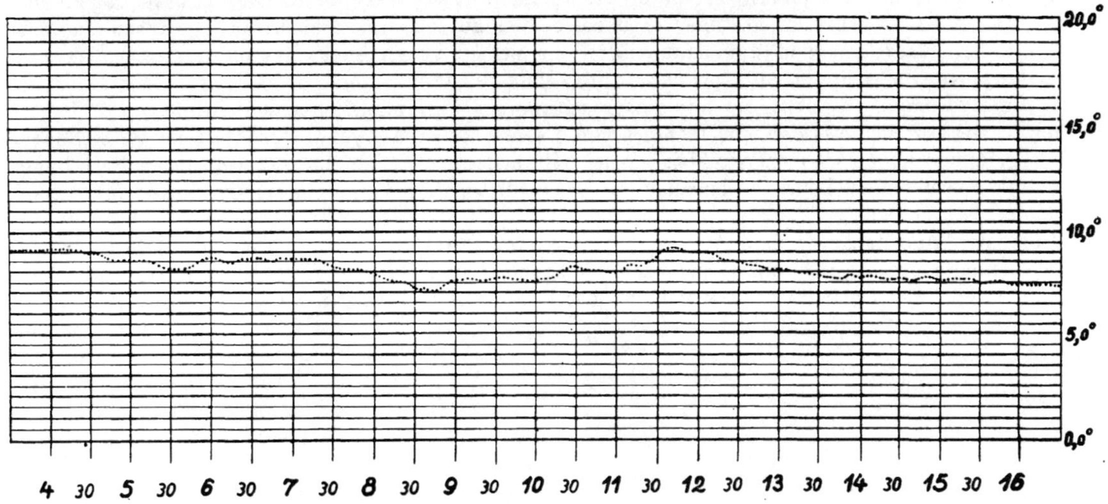

Abb. 4a

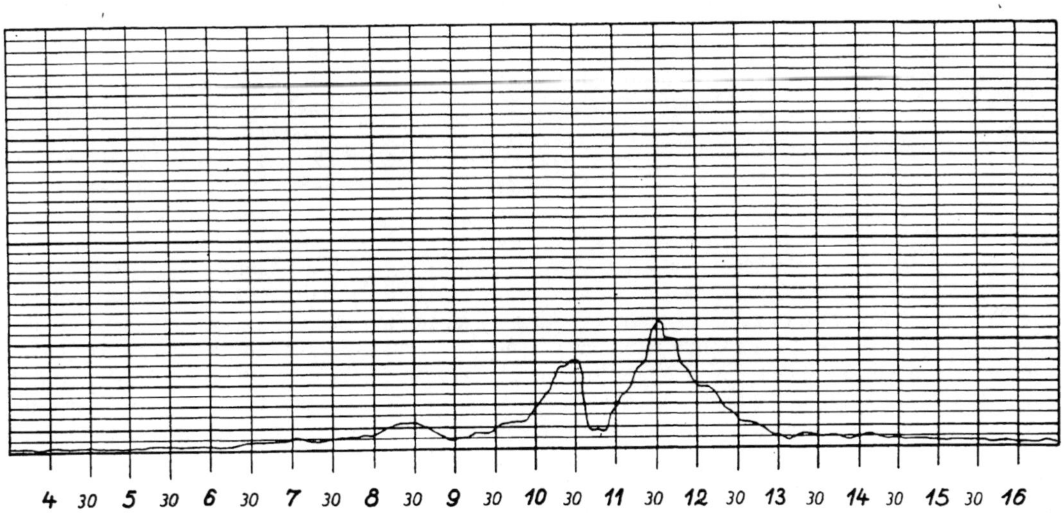

Abb. 4b

Abb. 4a u. *b*. Temperaturwellen und Strahlung am 6. 12. 1951. Keine direkte Sonnenstrahlung, nur Helligkeitsschwankungen.

folgende Wolken mit scharfen Rändern hervorgerufen, so daß die Einstrahlungsgegensätze groß sind und in abrupter Weise voll zur Wirkung kommen.

2. Kippformen gehören auch nur der wärmeren Jahreszeit an. Sie entstehen einmal bei vorwiegend bedecktem Himmel mit einzelnen markanten Wolkenlücken in größeren Abständen; die Spitze zeigt dann nach der warmen Seite des Thermogramms (Abb. 1, Pkt. 14 bis 18). Bei dem umgekehrten Bewölkungscharakter, wenn bei überwiegend heiterem Himmel einzelne dunkle Wolken in größeren Abständen vorüberziehen, zeigt die Spitze nach der kälteren Seite. Diese Kippwellenbildungen treten in vielerlei Varianten auf, deren jede aus ihrer Spezialform, Tageszeit und allgemeinem Temperaturverlauf einen recht guten Rückschluß auf die Art der sie auslösenden Bewölkung gestattet.

3. Sinusähnliche Temperaturwellen sind während des ganzen Jahres zu beobachten. Ihre Entwicklung ist an die Voraussetzung abgeschwächter bzw. gleitender Strahlungsunterschiede gebunden, wie dies in den Stunden nach Sonnenaufgang bzw. vor Sonnenuntergang oder unter einem Cirrusschleier der Fall ist. Ferner bildet sich dieser Typ bei bedecktem Himmel im Rhythmus der Helligkeitsschwankungen sowie auch dann, wenn sich eine dichte Bewölkung allmählich bis zur größeren Wolkenlücke auflockert und ebenso langsam wieder schließt. Nur in dem letzten Fall ist mit größeren Amplituden zu rechnen. Im übrigen ist dies die Standardform der winterlichen Temperaturwellen.
4. Kurze, flache Abschattungen führen zu einem unruhigen Temperaturbild, ohne regelrechte Wellen zu hinterlassen; dagegen sind solche bei kurzen, nur drei Minuten währenden, aber grellen Einstrahlungen mit Amplituden bis zu 1° verzeichnet. Treten derartige Wolkenbildungen in Gruppen auf, getrennt durch längere, geschlossene Bedeckungs- oder Einstrahlungsperioden, so liefern sie mit diesen zusammen ein einheitliches Wellenbild.
5. Ferner läßt sich aus den Thermogrammen ersehen, ob eine anfangs geschlossene Wolkendecke zerfällt, oder ob sich ein zunächst freier Himmel mit Wolken belebt. Im ersten Fall zeigen die einsetzenden Temperaturwellen die Auswölbungen nach der warmen, im anderen nach der kalten Seite.

Die Kipp- und Zackenformen sind in ihrer scharfen Prägung so frappierend, daß ein derartiger *wahrer* Temperaturgang fürs erste fragwürdig erscheint, und da die Kippwellen durch ihre Form stark an thermometrische Abklingkurven erinnern, geben sie einen Hinweis, ihr Zustandekommen als eine Folge der Thermometerträgheit zu betrachten; denn auch bei dem hier verwendeten Thermometertyp geht der Temperaturangleich nach einer e-Funktion vor sich. Es müßte dann allerdings an den Umkehrpunkten eine sprunghafte Temperaturänderung eintreten, und diese erscheint wegen der scharfen Spitzen glaubhaft. Wenn dann bei den Zackenformen die Punktfolge zwischen zwei Extremen eine Gerade beschreibt, würde dies damit zu erklären sein, daß die *wahren* Maxima und Minima gradmäßig so weit auseinander liegen, daß der registrierte Kurvenzweig noch auf den fast linearen Teil der Abklingkurve zu liegen kommt. Aber so träge sind die Versuchsthermometer nicht. Sie unterdrücken zwar die Sekundenperioden der Temperaturunruhe gänzlich, aber zur Erklärung der Zackenformen mit Perioden der Größenordnung von Zehnerminuten reicht ihr Trägheitseinfluß nicht hin. In Abb. 5 zeigt die gestrichelte Kurve, wie unter der Annahme sprunghafter Temperaturänderungen die von der Trägheit bestimmte Registrierung aussehen müßte. Demgegenüber stellt der ausgezogene Linienzug die Nachbildung einer registrierten Zackenkurve dar und läßt sofort die Unrichtigkeit der vorher gestellten Annahme erkennen. Die diese Wellen erzeugenden Temperaturanomalien können an den Umkehrpunkten zwar nicht stetig, aber auch nicht als Sprünge nach Art der Temperaturunruhe eintreten. Es muß vielmehr in den Spitzen die Auswirkung eines plötzlichen Richtungswechsels von Temperatur*änderungen* gesehen werden. Für *lineare* Änderungen der wahren Temperatur läßt sich leicht nachweisen, daß eine Anzeigeverzerrung durch Trägheit nur in Gestalt einer Parallelverschiebung um den gleichbleibenden Betrag des Anzeigefehlers stattfindet, so daß also die geradlinigen Kurvenzweige als Zeichen einer linearen Temperaturänderung anzusehen sind. Zu Beginn und Ende einer solchen Temperaturänderung treten zusätzliche Anzeigeverzögerungen auf, die ein Abbiegen der Geraden zur Folge haben. Wenn dies bei den Zacken nicht in Erscheinung tritt, so deshalb, weil an den Extrempunkten die Änderung nicht durch einen Zustand gleichbleibender Temperatur abgeschlossen wird, sondern sofort in entgegengesetzter Richtung eine erneute Änderung einsetzt. Die runde Seite der Kippformen ist dann aus der eben erwähnten Endverzögerung, wahrscheinlich verstärkt durch ein beginnendes exponentielles Abklingen des Änderungsfaktors, zu verstehen. Bei plötzlichem Wiedereinsetzen der Vorgänge bleibt die Kurve wegen der Anfangsverzögerung stetig. Diese registrierten Temperaturanomalien entsprechen also dem wahren Temperaturgang weit mehr, als man im ersten Augenblick anzunehmen gewillt ist.

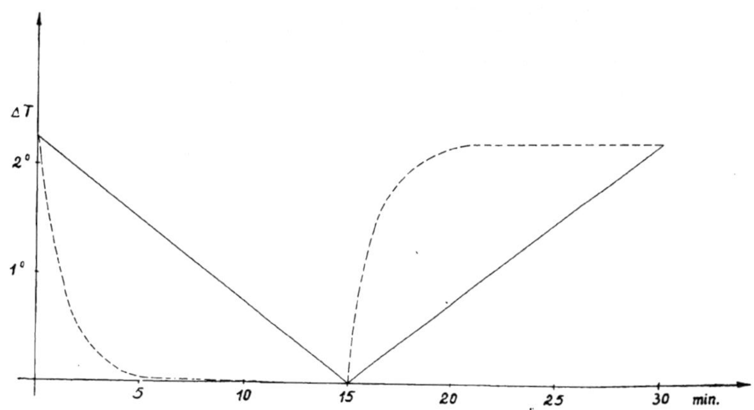

Abb. 5. Registrierter Temperaturverlauf (——); errechneter Temperaturverlauf für dasselbe Thermometer unter der Annahme eines gleich großen Temperatur*sprunges* (- - -).

Was bisher über Temperaturwellen gesagt wurde, beschränkte sich nur auf den Zeitabschnitt zwischen Sonnenaufgang und Sonnenuntergang. Nun ist aber während dieses Registrierjahres 1951/52 auch keine einzige *Nacht* mit dem „idealen" Temperaturgang zu finden. Die Tageswellen flachen, wie schon erwähnt, im Winter ab, die nächtlichen zeigen dagegen sowohl in der Amplitude als auch an Zahl eine Zunahme und treten damit prägnanter hervor. Die Monatsmittel der Amplitude betrugen zum Beispiel

	Juli	Aug.	Sept.	Okt.	Nov.	Dez.	Jan.
bei den Tageswellen	1,4	1,1	0,9	0,7	0,4	0,4	0,4°
bei den Nachtwellen	0,4	0,5	0,5	0,5	0,6	0,6	0,5°

Es wurde im vorigen von den Temperaturwellen auf die Bewölkung geschlossen und umgekehrt. Da in einigen charakteristischen Fällen Tages- und Nachtwellen ineinander übergehen, liegt die Vermutung nahe, daß auch diese nächtlichen Temperaturschwingungen wenigstens zu einem Teil auf einen Bewölkungseffekt zurückgeführt werden könnten; nur müßte jetzt an Stelle der Einstrahlung die Ausstrahlung durch die Wolken so wirksam variiert werden, daß dies im Thermogramm in der hier zur Debatte stehenden Weise in Erscheinung träte. Diese Hypothese läßt sich aus dem vorhandenen Material leider nicht so einfach bestätigen, wie das bei den Tageswellen an Hand der Strahlungsregistrierungen möglich war. Der Versuch einer Beweisführung kann sich zur Zeit lediglich auf Extra-

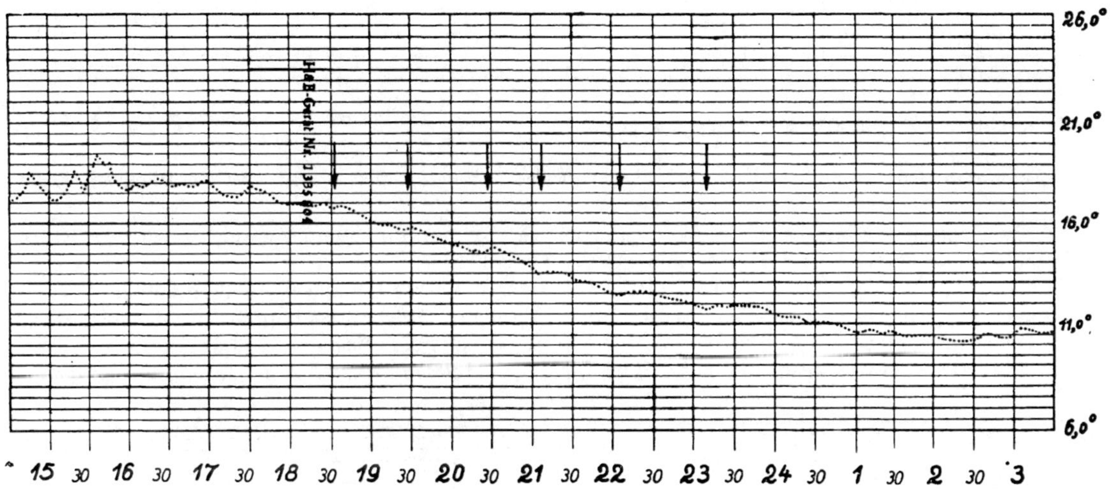

Abb. 6. Temperaturwellen vom 10. zum 11. 8. 1951. „Vorwiegend klare Nacht, mit einzelnen Wolken."

polationen des Wolkenablaufes des der betreffenden Nacht vorangehenden und nachfolgenden Tages nach den Strahlungsregistrierungen, die wenigen Terminbeobachtungen und die Wetterkarte erstrecken. Es wäre nicht nur interessant, sondern vielleicht auch von einiger Bedeutung, wenn auf diesem einfachen Wege eine Aufzeichnung der nächtlichen Bewölkung erhalten werden könnte.

Die Hypothese, die auch einen Teil der nächtlichen Temperaturwellen als mit der wechselnden Bewölkung parallel gehenden Ausstrahlungseffekt erklärt, soll an den folgenden drei Beispielen näher erläutert werden.

10./11. August 1951 (Abb. 6). Wind aus 22; Stärke um 5 m/sec; Rückseite; am Nachmittag des 10. und Vormittag des 11. August wechselnd wolkig.

Deutung der Wellen: „Vorwiegend klare Nacht mit einzelnen Wolken". Das starke nächtliche Absinken der Temperatur weist auf geringe Bewölkung hin. Die kurzen, treppenartigen Unterbrechungen, bei denen die Temperatur für einige Minuten annähernd gleichbleibt, gehen auf einzelne Wolken zurück, die sich ebensolange über dem Beobachtungsort befanden und für diese Zeit die Ausstrahlung und damit das weitere Absinken unterbunden haben.

9./10. November 1951 (Abb. 7). Wind aus 18; 3 m/sec; zwischen 2^h 00 und 3^h 00 aus 10; 2 m/sec; Südostströmung; 9. und 10. November bedeckt.

Deutung der Wellen: „Vorwiegend bedeckte Nacht mit einzelnen Wolkenlücken". Aus dem geringen nächtlichen Temperaturgang ist ein Fortbestehen der starken Bewölkung zu schließen. Die beiden mit den Ziffern ① und ② gekennzeichneten Erhebungen sind im Strahlungsdiagramm als Aufhellungen wiederzufinden. Die kurze Einsenkung bei Punkt ③ zeigt an, daß bereits die Ausstrahlung überwiegt. Das weitere Absinken geht wiederum in Stufen vor sich, gegenüber dem oberen Beispiel jedoch mit dem Unterschied, daß hier die Verweilzeiten bei gleichbleibender oder zum Teil sogar wieder ansteigender Temperatur die größeren sind und nur von kurzen Ausstrahlungsperioden unterbrochen werden. Wenn die einzelne Wolkenlücke sich wieder geschlossen hat, ist auch die Ausstrahlung unterbunden. Der bei einigen Stufen zu beobachtende leichte Temperaturanstieg ist advektiven Ursprungs, denn bei diesem Bewölkungstyp entstehen nur relativ kleine Kälteinseln, die, wieder unter die Wolkendecke gelangt, von der umgebenden Luft schnell weggeräumt werden.

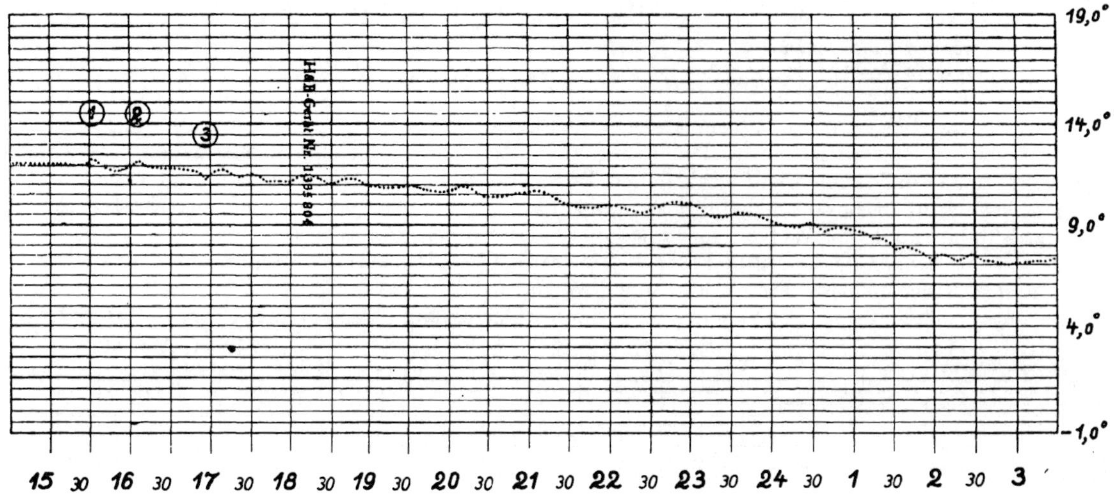

Abb. 7. Temperaturwellen vom 9. zum 10. 11. 1951. „Vorwiegend bedeckte Nacht, mit einzelnen Wolkenlücken."

24./25. September 1951. (Abb. 8). Wind aus 22; Stärke um 4,5 m/sec; Zwischenhoch; am 24. 9. ab Mittag wolkig, später heiter, am Morgen des 25. 9. wolkenlos.

Deutung der Wellen: „Von 18h15 bis 01h45 Durchzug eines aufgelockerten Wolkenfeldes". Von Sonnenuntergang bis 18h15 ungestörte Ausstrahlung. Danach verzögert das herangekommene Wolkenfeld das weitere Absinken der Temperatur. Die fünf besonders auffälligen Abkühlungen zwischen 20h00 und 22h00 sind wiederum nur reine Wirkungen der Ausstrahlung. Form und Amplitude dieser

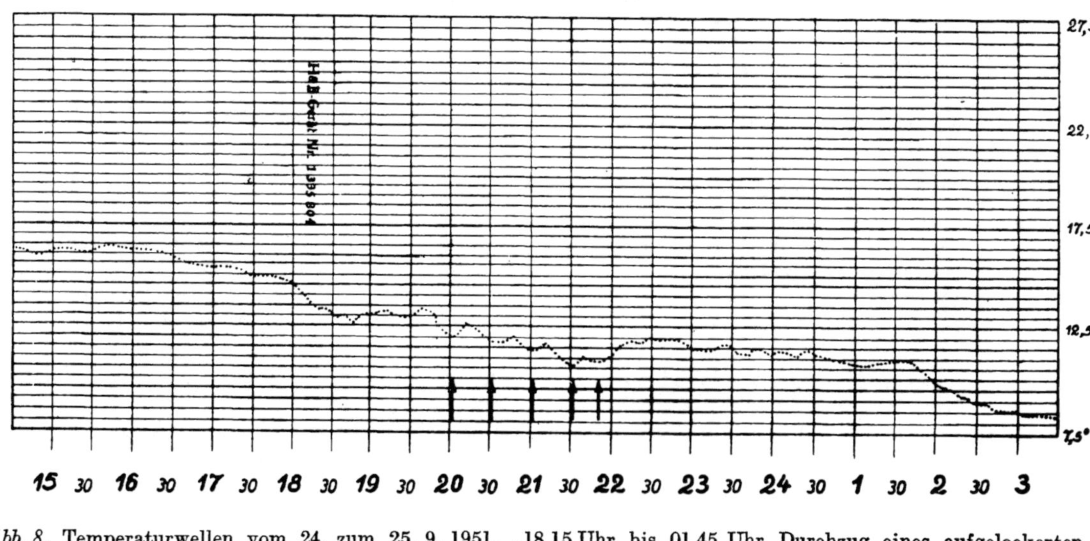

Abb. 8. Temperaturwellen vom 24. zum 25. 9. 1951. „18.15 Uhr bis 01.45 Uhr Durchzug eines aufgelockerten Wolkenfeldes."

Wellen ist bestimmt durch die Dichte und die scharfe Begrenzung der Wolken, die annähernde Gleichheit der Breite von Wolken und Lücken sowie die Windgeschwindigkeit, die für ein schnelles Wegräumen der kalten Luft sorgt. Um 01h45 reißt das Wolkenfeld unvermittelt ab.

Die Meßplätze von Strahlung und Temperaturwellen lagen um etwa 300 m auseinander, so daß allein aus diesem Grunde bei den beiden Registrierungen mit kleinen Zeitverschiebungen im Eintreten der markanten Punkte zu rechnen ist. Es können daher leider keine exakten Rückschlüsse auf die

Geschwindigkeit, mit der die Luft auf die wechselnden Strahlungsintensitäten reagiert, gezogen werden. Was aber dennoch zu ersehen ist, ist der allgemeine Schluß, daß diese Reaktion sehr schnell erfolgt. Diese als „schnell“ bezeichnete Änderung der Lufttemperatur ermöglicht überhaupt erst die Ausbildung der Wellen in der hier gezeigten Art und Weise; denn die Wolken bzw. Wolkenlücken führen ja nicht ihre eigene Luft unter sich mit, vielmehr sorgt der Wind in Bodennähe für eine dauernde Erneuerung derselben, so daß unter anderen Umständen durch das Ein- oder Ausströmen in den Schattenraum zumindest keine Zacken entstehen dürften. Dort, wo sie vorhanden sind, muß angenommen werden, daß sich die vom Winde über die Wolkenschattengrenze transportierte Luft in ihrem Wärmeinhalt rasch bzw. mit einer aus dem Material nicht zu entnehmenden Verzögerung den neuen Strahlungsverhältnissen anzupassen trachtet, — bei Übertritt in die Sonne durch sehr schnelle positive lineare Temperaturänderung, beim Wechsel in den Schatten durch sofortiges Einsetzen der Ausstrahlung bis zum neuen Strahlungs-Wärme-Gleichgewicht. Die Temperaturwellen lassen sich also, soweit sie während des Tages auftreten, überlegungsmäßig einzig auf Einstrahlungsunterschiede und Ausstrahlung zurückführen.

Bei Nacht sieht es etwas anders aus. Nach den Registrierungen müßte die Luft auf Ausstrahlungsunterschiede ebenso schnell reagieren wie auf wechselnde Einstrahlung. Nur ist mit diesen Überlegungen jetzt einzig ein dem sich mit der Bewölkung ändernden Intensitätsgrade der Ausstrahlung entsprechendes stufenförmiges Absinken der nächtlichen Temperatur zu erklären, wie es in Abb. 6 gezeigt wird, denn eine verminderte Ausstrahlung allein kann noch keine Temperaturerhöhung be-

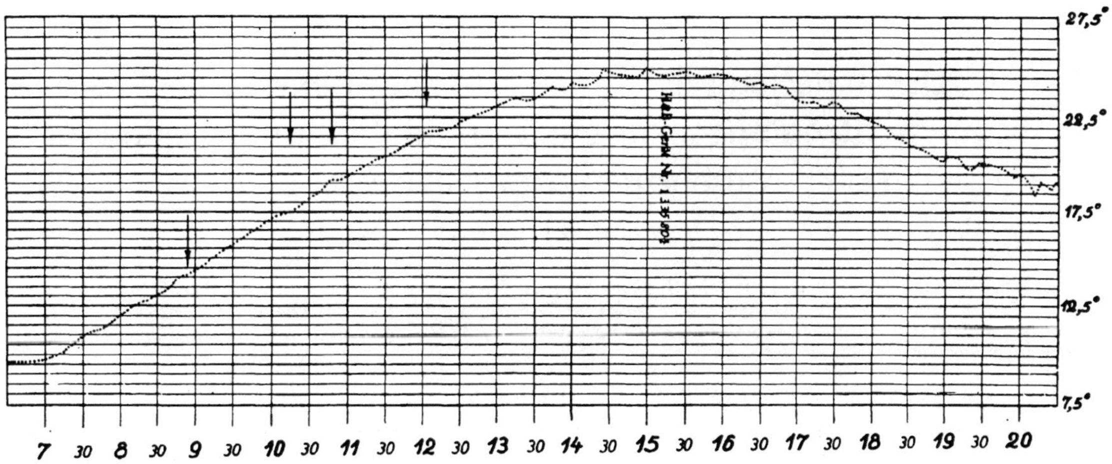

Abb. 9. Temperaturwellen an einem wolkenlosen Tag (11. 9. 1951).

wirken. In all den Fällen, in denen sich jene typischen Wellen bilden, die auch wieder einen Temperaturanstieg verzeichnen, muß als Ursache der *Erwärmung* die Advektion herangezogen werden. Dann gilt die Regel: je größer die Windgeschwindigkeit, desto steiler der Temperaturanstieg. Damit gewinnen Bodenwindstärke und -richtung Einfluß auf den Temperaturgang, hauptsächlich in den Fällen vom Bewölkungscharakter „vorwiegend bedeckt, mit Wolkenlücken“. Die Spitzen der Kippwellen in Abb. 8, deren Entstehung einzelnen Wolken innerhalb einer sonst geschlossenen Wolkendecke zugeschrieben wird, erreichen nicht das Temperaturniveau der Luft unter den umgebenden Wolken (wobei wieder einmal das räumliche Nebeneinander durch ein zeitliches Nacheinander ersetzt wird). Auch in diesem Fall kann hierfür nicht etwa die Trägheit verantwortlich gemacht werden; denn die Thermometer liefern nach den vorherigen Betrachtungen ein erfreulich gutes Bild der thermischen Vorgänge. So ist auch das Zurückbleiben der Spitzen reell und wird durch advektiven Einfluß verursacht, der in diesem Gebiet der einzelnen Wolken, wo sich ein Nebeneinander unterschiedlich temperierter Luftmassen gebildet hat, zu einer schnelleren Abkühlung führt, als dies unter dem geschlossenen Wolkenfeld möglich ist.

An wolkenlosen Tagen zeigen die Registrierungen eine Auflockerung, die zuweilen einer gedämpften Temperaturunruhe ähnlich sieht, aber auch einige Wellen erkennen läßt. Diese mittäglichen Störungen sind allen wolkenlosen Tagen eigentümlich, desgleichen kleinere Unregelmäßigkeiten vor allem im aufsteigenden Ast der Temperaturkurve. Sie dürften in der bei *Geiger* [3] zitierten Bildung der „labilen Unterschicht der Atmosphäre“ und einem schubweisen, erhöhten, vertikalen Massenaustausch ihre Ursache haben (Abb. 9).

Als sich bald nach Inbetriebnahme der Meßanlage, deren Aufbau zu ganz anderen Zwecken erfolgt war, die ersten Temperaturwellen als Zufallsergebnis zeigten, lösten sie die größte Überraschung aus, denn eine Ursache war zunächst nicht zu erkennen. Der Gedanke an eine Einflußnahme der Bewölkung lag fern, da vom Walde aus eine Beobachtung der Wolken, ja selbst schon deren Wahrnehmung, kaum stattfindet. So trivial nun auch die Erklärung der Temperaturwellen durch die wechselnde Himmelsbedeckung im großen und ganzen ist, ebenso interessant wird das Problem, wenn man es in seinen Einzelheiten betrachtet. Für ein eingehenderes Studium dieser Zusammenhänge dürfte allerdings der Aufstellungsort der Thermometer, im Walde, in hügeligem Gelände, am Hang sowie verhältnismäßig dicht über einer Tischplatte, nicht gerade der denkbar günstigste gewesen sein. Um so erstaunlicher bleibt aber das Ergebnis, daß trotz dieser Mängel bezüglich des Meßplatzes diese Erscheinungen so klar hervortreten. Die Versuchsanlage ist inzwischen abgebaut und ihrer eigentlichen Bestimmung, der Registrierung der Temperatur in verschiedenen Höhen, zugeführt worden und gestattet somit, diesem Thema unter dem erweiterten Gesichtspunkt der Vertikalerstreckung der Temperaturwellen nachzugehen.

Literatur:

[1] *Robitzsch*, Periodizitäten im Gange des Luftdrucks und der Temperatur. Die Arbeiten des Pr. Aer. Obs. Lindenberg. XIV. Bd., Braunschweig, 1922, S. 137—149.
[2] *Defant*, Innsbrucker Föhnstudien II, Wien 1906.
[3] *Geiger*, Das Klima der bodennahen Luftschicht. 3. Aufl., Braunschweig 1950, 9. Kap.
[4] *Lieneweg*, Temperaturmessung. Leipzig 1950.

Anschrift: Dr. Lothar Heckert, Potsdam, Hauptobservatorium.

551.524.33

Durch periodische Temperaturschwankungen bedingte Strömungen in einer anfänglich unbewegten isothermen Atmosphäre

Von **H. Griesseier**

Zusammenfassung: Durch Integration des Systems der linearisierten hydro-thermodynamischen Feldgleichungen unter der Annahme eines dem Temperaturgefälle folgenden Wärmestroms werden die Gleichungen ermittelt, die den physikalischen Zustand einer durch periodische Temperaturschwankungen gestörten, anfänglich unbewegten und isothermen Atmosphäre beschreiben.

I. Einleitung

Wird einer reibungslosen, kompressiblen und unbewegten isothermen Atmosphäre (periodisch) Wärme zugeführt bzw. Wärme entzogen, so bildet sich in ihr, wie ich kürzlich [1] im Anschluß an Untersuchungen ähnlichen Charakters [2—10] durch Integration des Systems der linearisierten hydrothermodynamischen Feldgleichungen unter der Annahme einer räumlich-zeitlich periodisch erfolgenden und mit der Höhe exponentiell abklingenden Wärmezufuhr bzw. Wärmeentziehung q:

$$q(\xi, \eta, \zeta, t) = Q e^{-\gamma\zeta} \sin\left(\frac{\pi}{a}\xi\right) \sin\left(\frac{\pi}{b}\eta\right) \sin(\overset{*}{\omega} t) \tag{1}$$

zeigen konnte, ein geschlossenes Zirkulationssystem aus, und zwar derart, daß analog den periodischen Windsystemen [11] in der Höhe ein antizyklonales Ausströmen der Luft aus dem warmen Gebiet und ein zyklonales Einströmen der Luft in das kalte Gebiet, dagegen am Boden ein antizyklonales Ausströmen der Luft aus dem kalten Gebiet und ein zyklonales Einströmen der Luft in das warme Gebiet erfolgt, während gleichzeitig in der erwärmten Luftmasse ein Aufsteigen und in der abgekühlten Luftmasse ein Absinken der Luft vor sich geht.

Wenngleich sich die mit diesem Ansatze für q erzielten Ergebnisse sowohl qualitativ als auch quantitativ als durchaus brauchbar erwiesen, dürfte doch die Vorgabe der Verteilung der Wärmezufuhr bzw. Wärmeentziehung im ganzen Raume als ein gewisser Mangel empfunden werden. In Fortführung der in [1] angestellten Überlegungen soll daher in dieser Untersuchung gezeigt werden, wie sich die dort abgeleiteten Gleichungen für die die gestörte Atmosphäre beschreibenden Funktionen modifizieren, wenn von vornherein keine so spezielle Aussage über die zu- bzw. abgeführten Wärmemengen gemacht wird, sondern nur ein periodischer Gang der Temperatur am Erdboden bzw. ein dem Temperaturgefälle folgender (turbulenter) Wärmestrom $\mathfrak{W} \equiv W_x, W_y, W_z$ in der Atmosphäre vorausgesetzt wird, der durch die Beziehung:

$$\mathfrak{W} = -\lambda \operatorname{grad} \overset{*}{T} \tag{2}$$

dargestellt werden kann [12—15], in welcher λ eine positive Funktion ist, die physikalisch die turbulente Wärmeleitfähigkeit bedeutet und noch von der Stabilität abhängen kann, und vermittels welcher sich die der Masseneinheit Luft sekundlich zugeführte bzw. entzogene Wärmemenge q allgemeiner zu:

(3) $$\boxed{q(x, y, z, t) = -\frac{1}{\overset{*}{\varrho}} \operatorname{div} \mathfrak{W} = \frac{\lambda}{\overset{*}{\varrho}} \Delta \overset{*}{T}}$$

berechnet [16].

II. Bezeichnungen

Für die folgenden Berechnungen bedienen wir uns eines mit der rotierenden Erde fix verbundenen orthogonalen kartesischen Rechtssystems (x, y, z), dessen x-y-Ebene als Horizontalebene die Erdoberfläche in einem Punkte der geographischen Breite φ tangiert ($x \to E$, $y \to N$, $z \to$ Zenit), und bezeichnen den Wert der Temperatur der ruhenden (ungestörten) Atmosphäre zur Zeit $t = t_0$ mit $T = T(x, y, z, t_0) = 273{,}2$ °K $=$ const., dagegen die lokale Abweichung des Wertes der Temperatur der gestörten Atmosphäre $\overset{*}{T} = \overset{*}{T}(x, y, z, t)$ zur Zeit $t > t_0$ mit δT, so daß also gilt:

(4) $$\overset{*}{T} = T + \delta T = T(1 + \tau),$$

wobei erfahrungsgemäß

(5) $$\frac{|\delta T|}{T} = \tau \ll 1 .$$

Entsprechende Beziehungen, nämlich:

(6) $$\overset{*}{p} = p + \delta p = p(1 + \pi), \quad p = p_0 e^{-\frac{z}{H}}$$

bzw.

(7) $$\overset{*}{\varrho} = \varrho + \delta \varrho = \varrho(1 + \sigma), \quad \varrho = \varrho_0 e^{-\frac{z}{H}}$$

gelten für Druck (p) und Dichte (ϱ). Weiter bezeichnen wir mit u, v und w:

(8) $$u = u(x, y, z, t),$$

(9) $$v = v(x, y, z, t)$$

und

(10) $$w = w(x, y, z, t)$$

die Horizontal- bzw. Vertikalkomponenten der Geschwindigkeit und bedienen uns ferner noch folgender Abkürzungen bzw. Symbole:

$H = RT/g = 7{,}99 \cdot 10^5$ cm $=$ Höhe der homogenen Atmosphäre;
$g = 9{,}81 \cdot 10^2$ cm sec^{-2} $=$ Schwerebeschleunigung für $\varphi = 45°$;
$\lambda = 10^0$ bis 10^1 cal cm^{-1} sec^{-1} grad^{-1} $=$ turbulente Wärmeleitfähigkeit;
$\varrho = 1{,}2762 \cdot 10^{-3}$ gr cm^{-3} $=$ Luftdichte für $T = 273{,}2$ °K und $p = 1000$ mb;
$c_p = 0{,}2405$ cal gr^{-1} grad^{-1} $=$ spez. Wärme bei konst. Druck;
$c_v = 0{,}1719$ cal gr^{-1} grad^{-1} $=$ spez. Wärme bei konst. Volumen;
$AR = c_p - c_v = 0{,}0685$ cal gr^{-1} grad^{-1};
$AR/c_p = 0{,}2848$ (dimensionslos);
$f = 2\omega \sin \varphi = 1{,}0312 \cdot 10^{-4}$ sec^{-1} $=$ Coriolisparameter, $\varphi = 45° =$ geogr. Breite, $\omega = 2\pi/86164$ sec $= 7{,}292 \cdot 10^{-5}$ sec^{-1} $=$ Winkelgeschwindigkeit der Erde;
$\sqrt{4ARgH/c_p f^2} = 2{,}8978 \cdot 10^8$ cm;
$\overset{*}{\omega} = 2\pi/86400$ sec $= 7{,}272 \cdot 10^{-5}$ sec^{-1} $=$ Kreisfrequenz der Störung;
$\overset{*}{\omega}/k = \overset{*}{\omega} \cdot 4H^2 \varrho c_p/\lambda = 56995{,}587/\lambda$ (dimensionslos);
$a, b =$ Länge bzw. Breite einer Zelle in einem aus dem x-y-z-System durch Transformation hervorgegangenen ξ-η-ζ-System;
$\alpha = a\sqrt{4ARgH/c_p f^2}$, $\beta = b\sqrt{4ARgH/c_p f^2}$ $=$ Länge bzw. Breite derselben Zelle im x-y-z-System;

$$D_t, D_t^2, \ldots = \frac{\partial}{\partial t}, \frac{\partial^2}{\partial t^2}, \ldots = \text{Differentialoperatoren};$$

$$\frac{d}{dt} = \frac{\partial}{\partial t} + u\frac{\partial}{\partial x} + v\frac{\partial}{\partial y} + w\frac{\partial}{\partial z} = \textit{Euler}\text{scher Operator};$$

$$\Delta = \frac{\partial^2}{\partial x^2} + \frac{\partial^2}{\partial y^2} + \frac{\partial^2}{\partial z^2} = \textit{Laplace}\text{scher Operator}.$$

III. Differentialgleichungen

Mit diesen Bezeichnungen gelten für die ungestörte Atmosphäre die Beziehungen:

(11) $$\frac{\partial p}{\partial x} = \frac{\partial p}{\partial y} = 0,$$

(12) $$\frac{\partial p}{\partial z} = -g\varrho$$
und
(13) $$p = RT\varrho,$$
während die gestörte Atmosphäre durch die Bewegungsgleichungen:

(14) $$\frac{du}{dt} - fv = -R\overset{*}{T}\frac{\partial \ln \overset{*}{p}}{\partial x}, \quad \frac{dv}{dt} + fu = -R\overset{*}{T}\frac{\partial \ln \overset{*}{p}}{\partial y},$$
die statische Grundgleichung:
(15) $$\frac{\partial \overset{*}{p}}{\partial z} = -g\overset{*}{\varrho},$$
die Kontinuitätsgleichung:
(16) $$\frac{d \ln \overset{*}{\varrho}}{dt} + \left(\frac{\partial u}{\partial x} + \frac{\partial v}{\partial y} + \frac{\partial w}{\partial z}\right) = 0,$$
die Gasgleichung:
(17) $$\overset{*}{p} = R\overset{*}{T}\overset{*}{\varrho}$$
und schließlich den I. Hauptsatz der Thermodynamik beschrieben wird, der sich unter Berücksichtigung der eingangs gemachten Ausführungen über q in der Gestalt:

(18) $$q = c_p\frac{d\overset{*}{T}}{dt} - AR\overset{*}{T}\frac{d\ln\overset{*}{p}}{dt} = \frac{\lambda}{\overset{*}{\varrho}}\Delta\overset{*}{T}$$
darbietet.

Bei Vernachlässigung der nichtlinearen Glieder, wie es in der Theorie der kleinen Störungen üblich ist [17], sowie unter der Annahme eines Überwiegens der Vertikalkomponente des Wärmestroms können wir das Gleichungssystem (14—18) nach einigen elementaren Umformungen in das folgende System von 6 simultanen linearen, partiellen und homogenen Differentialgleichungen überführen:

(14a) $$\boxed{\frac{\partial u}{\partial t} - fv = -gH\frac{\partial \pi}{\partial x}, \quad \frac{\partial v}{\partial t} + fu = -gH\frac{\partial \pi}{\partial y}},$$

(15a) $$\boxed{\tau = H\frac{\partial \pi}{\partial z}},$$

(16a) $$\boxed{\frac{\partial \sigma}{\partial t} + \left(\frac{\partial u}{\partial x} + \frac{\partial v}{\partial y}\right) + \left(\frac{\partial}{\partial z} - \frac{1}{H}\right)w = 0},$$

(17a) $$\boxed{\pi = \tau + \sigma},$$
und
(18a) $$\boxed{w = H\frac{\partial \pi}{\partial t} - \frac{c_p H}{AR}\left(\frac{\partial}{\partial t} - \frac{\lambda}{\varrho c_p}\frac{\partial^2}{\partial z^2}\right)\tau},$$

das, wenn wir den Faktor $\lambda/\varrho c_p$ als konstant ansehen, mit konstanten Koeffizienten behaftet ist und daher für die unbekannten Funktionen τ, π, σ, u, v und w nur dann von Null verschiedene Lösungen besitzt, wenn die Determinante D der in ihm auftretenden Koeffizienten:

(19) $$D = \begin{vmatrix} +D_t & -f & 0 & 0 & +gHD_x & 0 \\ +f & +D_t & 0 & 0 & +gHD_y & 0 \\ 0 & 0 & 0 & +1 & -HD_z & 0 \\ +D_x & +D_y & +\left(D_z - \frac{1}{H}\right) & 0 & 0 & +D_t \\ 0 & 0 & 0 & +1 & -1 & +1 \\ 0 & 0 & +1 & \frac{c_p H}{AR}\left(D_t - \frac{\lambda}{\varrho c_p}D_z^2\right) & -HD_t & 0 \end{vmatrix}$$

den Wert Null hat. Dieser Forderung entsprechend hat jede einzelne dieser 6 Funktionen, die wir im folgenden der Kürze halber durch ψ ersetzen wollen, für sich der Differentialgleichung:

(20) $$\left[(H^2 D_z^2 - HD_z)\left(D_t - \frac{\lambda}{\varrho c_p}D_z^2\right) + \frac{ARgH}{c_p}\frac{D_t}{D_t^2 + f^2}(D_x^2 + D_y^2)\right]\psi = 0$$

zu genügen, die bei Vernachlässigung von D_t^2 neben f^2 und nach Erweiterung mit 4 zunächst in:

(21) $$\left[(4H^2 D_z^2 - 4HD_z)\left(D_t - \frac{\lambda}{\varrho c_p} D_z^2\right) + \frac{4\dot{A}RgH}{c_p f^2}(D_x^2 + D_y^2) D_t\right]\psi = 0$$

übergeht, und die nach Transformation des x-y-z-Systems vermittels der Transformationsgleichungen:

(22) $$x = \sqrt{4ARgH/c_p f^2}\cdot\xi, \quad \partial x^2 = 4ARgH/c_p f^2 \cdot \partial\xi^2,$$

(23) $$y = \sqrt{4ARgH/c_p f^2}\cdot\eta, \quad \partial y^2 = 4ARgH/c_p f^2 \cdot \partial\eta^2,$$

(24) $$z = 2H\cdot\zeta, \quad \partial z^2 = 4H^2\cdot\partial\zeta^2$$

schließlich in der Form:

(25) $$\left[(D_\zeta^2 - 2D_\zeta)\left(D_t - \frac{\lambda}{4H^2\varrho c_p} D_\zeta^2\right) + (D_\xi^2 + D_\eta^2) D_t\right]\psi = 0$$

bzw. nach Auflösung der Klammern und Einführung der Abkürzung k:

(26) $$\boxed{k = \frac{\lambda}{4H^2\varrho c_p}[\sec^{-1}]}$$

in der Form:

(27) $$\boxed{\left[D_\zeta^4 - 2D_\zeta^3 - \frac{1}{k}D_\zeta^2 D_t + \frac{2}{k}D_\zeta D_t - \frac{1}{k}(D_\xi^2 + D_\eta^2) D_t\right]\psi = 0}$$

geschrieben werden kann. Zu dieser Differentialgleichung haben, wenn wir sie auf ein Teilgebiet der Atmosphäre anwenden wollen, das sich wie in [1] in den ebenen Koordinaten (ξ, η) von $\xi = 0$ bis $\xi = a$ und $\eta = 0$ bis $\eta = b$ und in der Vertikalen von der Erdoberfläche $(\zeta = 0)$ bis zur Grenze der Atmosphäre $(\zeta \to \infty)$ erstrecken möge, noch bestimmte *Grenzbedingungen* hinzuzutreten, auf die wir im einzelnen im nächsten Abschnitt eingehen werden.

IV. Lösung einer speziellen Aufgabe unter Zugrundelegung eines täglichen Temperaturganges und einer quadratisch-zellulären Anordnung des Temperaturfeldes an der Erdoberfläche

Wir wollen uns nunmehr der DGL (27) zur Bestimmung der drei Funktionen τ, π und w bedienen, während wir zur Ermittlung der übrigen 3 Funktionen σ, u und v das Gleichungssystem (14a—18a) heranziehen werden. Wir haben dann folgenden Grenzbedingungen Rechnung zu tragen: Erstens einer *Anfangsbedingung* für das betrachtete Teilgebiet der Atmosphäre für die (unendlich weit zurückliegende!) Zeit $t = t_0$:

(28) $$\tau(\xi, \eta, \zeta, t_0) = \pi(\xi, \eta, \zeta, t_0) = w(\xi, \eta, \zeta, t_0) = 0$$

und zweitens den *Randbedingungen*:

(29) $$\tau(0, \eta, \zeta, t) = \pi(0, \eta, \zeta, t) = w(0, \eta, \zeta, t) = 0,$$

(30) $$\tau(a, \eta, \zeta, t) = \pi(a, \eta, \zeta, t) = w(a, \eta, \zeta, t) = 0,$$

(31) $$\tau(\xi, 0, \zeta, t) = \pi(\xi, 0, \zeta, t) = w(\xi, 0, \zeta, t) = 0,$$

und

(32) $$\tau(\xi, b, \zeta, t) = \pi(\xi, b, \zeta, t) = w(\xi, b, \zeta, t) = 0$$

bzw.

(33) $$\tau(\xi, \eta, 0, t) = \overset{*}{A}\sin\left(\frac{\pi}{a}\xi\right)\sin\left(\frac{\pi}{b}\eta\right)\begin{Bmatrix} a)\cos(\overset{*}{\omega}t) \\ b)\sin(\overset{*}{\omega}t)\end{Bmatrix},$$

(34) $$D_\zeta\pi(\xi, \eta, 0, t) = 2\overset{*}{A}\sin\left(\frac{\pi}{a}\xi\right)\sin\left(\frac{\pi}{b}\eta\right)\begin{Bmatrix} a)\cos(\overset{*}{\omega}t) \\ b)\sin(\overset{*}{\omega}t)\end{Bmatrix},$$

(35) $$w(\xi, \eta, 0, t) = 0,$$

(36) $$\tau(\xi, \eta, \infty, t) = 0,$$

(37) $$\pi(\xi, \eta, \infty, t) = 0$$

und

(38) $$w(\xi, \eta, \infty, t) = 0$$

für die Begrenzung dieses Teilgebietes für alle Zeiten $t \geqq t_0$.

Gehen wir mit dem folgenden Lösungsansatz für ψ:

$$\psi = e^{\mu\zeta + i\overset{*}{\omega} t}\, e^{i\left(\frac{\pi}{a}\xi + \frac{\pi}{b}\eta\right)} \tag{39}$$

in die DGL (27) ein, so stellt sich deren allgemeines Integral zunächst in der Form:

$$\psi = \sum_1^4 K_j\, e^{\mu_j\zeta + i\overset{*}{\omega} t}\, e^{i\left(\frac{\pi}{a}\xi + \frac{\pi}{b}\eta\right)} \tag{40}$$

dar, worin die μ_j ($j = 1, 2, 3, 4$) die Wurzeln der zu (27) gehörigen charakteristischen Gleichung:

$$\boxed{\mu^4 - 2\mu^3 - \left(i\frac{\overset{*}{\omega}}{k}\right)\mu^2 + 2\left(i\frac{\overset{*}{\omega}}{k}\right)\mu + \left(i\frac{\overset{*}{\omega}}{k}\right)\left(\frac{\pi^2}{a^2} + \frac{\pi^2}{b^2}\right) = 0} \tag{41}$$

bedeuten und die K_j ($j = 1, 2, 3, 4$) durch die Randbedingungen (29—38) zu bestimmende Konstanten sind. Bei Annahme einer quadratisch-zellulären Anordnung des Temperaturfeldes (mit einer Seitenlänge der Quadrate im ξ-η-ζ-System von $a = b = 1$ bzw. im x-y-z-System von $\alpha = \beta = 2897{,}8$ km) sowie eines täglichen Ganges der Temperatur an der Erdoberfläche berechnen sich die μ_j, die für die beiden Grenzwerte von λ die in der Tabelle 1 angegebenen Werte besitzen,

Tabelle 1

μ_j \ λ	10^0 cal cm^{-1} sec^{-1} grad^{-1}	10^1 cal cm^{-1} sec^{-1} grad^{-1}
μ_1	$+ 168{,}7901 + 168{,}8490 \cdot i$	$+ 53{,}294 + 53{,}482 \cdot i$
μ_2	$- 3{,}5540 + 0{,}0005 \cdot i$	$- 3{,}554 + 0{,}005 \cdot i$
μ_3	$+ 5{,}5540 - 0{,}0012 \cdot i$	$+ 5{,}554 - 0{,}012 \cdot i$
μ_4	$- 168{,}7901 - 168{,}8483 \cdot i$	$- 53{,}294 - 53{,}475 \cdot i$

in dem fraglichen Bereich von λ allgemein zu:

$$\mu_1 = + k + l i, \tag{42}$$

$$\mu_2 = - m + n i, \tag{43}$$

$$\mu_3 = + p - q i \tag{44}$$

und

$$\mu_4 = - r - s i, \tag{45}$$

so daß sich (40) unter Berücksichtigung der Randbedingungen (29—32) sowie der Randbedingungen (36—38), die ein Verschwinden der Konstanten K_1 und K_3 fordern, auf:

$$\psi(\xi, \eta, \zeta, t) = \left[K_2\, e^{-m\zeta + i(n\zeta + \overset{*}{\omega} t)} + K_4\, e^{-r\zeta - i(s\zeta - \overset{*}{\omega} t)}\right] \sin\left(\frac{\pi}{a}\xi\right) \sin\left(\frac{\pi}{b}\eta\right) \tag{46}$$

reduziert. Ersetzen wir nun ψ durch τ bzw. π und w, so erhalten wir unter Beachtung von (33) zunächst für τ:

$$\tau(\xi, \eta, \zeta, t) = \left[A_2\, e^{-m\zeta + i(n\zeta + \overset{*}{\omega} t)} + (\overset{*}{A} - A_2)\, e^{-r\zeta - i(s\zeta - \overset{*}{\omega} t)}\right] \sin\left(\frac{\pi}{a}\xi\right) \sin\left(\frac{\pi}{b}\eta\right). \tag{47}$$

Entsprechend erhalten wir für π:

$$\pi(\xi, \eta, \zeta, t) = \left[B_2\, e^{-m\zeta + i(n\zeta + \overset{*}{\omega} t)} + B_4\, e^{-r\zeta - i(s\zeta - \overset{*}{\omega} t)}\right] \sin\left(\frac{\pi}{a}\xi\right) \sin\left(\frac{\pi}{b}\eta\right), \tag{48}$$

wobei die Konstanten B_2 und B_4 mit den Konstanten A_2 und $(\overset{*}{A} - A_2)$ gemäß (15a) durch die Relationen:

$$B_2 = -\frac{2}{m - n i} A_2 = -\frac{2m}{m^2 + n^2} A_2 - i\frac{2n}{m^2 + n^2} A_2 \tag{49}$$

und

$$B_4 = -\frac{2}{r + s i}(\overset{*}{A} - A_2) = -\frac{2r}{r^2 + s^2}(\overset{*}{A} - A_2) + i\frac{2s}{r^2 + s^2}(\overset{*}{A} - A_2) \tag{50}$$

verknüpft sind, und schließlich für w:

$$w(\xi, \eta, \zeta, t) = \left[C_2\, e^{-m\zeta + i(n\zeta + \overset{*}{\omega} t)} + C_4\, e^{-r\zeta - i(s\zeta - \overset{*}{\omega} t)}\right] \sin\left(\frac{\pi}{a}\xi\right) \sin\left(\frac{\pi}{b}\eta\right). \tag{51}$$

Für die Konstanten C_2 und C_4 gilt dabei gemäß (18a):

(52) $$C_2 = i\overset{*}{\omega} H B_2 - i\overset{*}{\omega}\frac{c_p H}{AR} A_2 + k(m - n i)^2 \frac{c_p H}{AR} A_2$$

und

(53) $$C_4 = i\overset{*}{\omega} H B_4 - i\overset{*}{\omega}\frac{c_p H}{AR}(\overset{*}{A} - A_2) + k(r + s i)^2 \frac{c_p H}{AR}(\overset{*}{A} - A_2)$$

bzw. unter Beachtung von (49) und (50) sowie nach Trennung von Real- und Imaginärteil:

(54) $$C_2 = \left[2\overset{*}{\omega} H \frac{n}{m^2 + n^2} + k(m^2 - n^2)\frac{c_p H}{AR}\right] A_2 - i\left[2\overset{*}{\omega} H \frac{m}{m^2 + n^2} + (\overset{*}{\omega} + 2kmn)\frac{c_p H}{AR}\right] A_2$$

und

(55) $$C_4 = -\left[2\overset{*}{\omega} H \frac{s}{r^2 + s^2} - k(r^2 - s^2)\frac{c_p H}{AR}\right](\overset{*}{A} - A_2) - i\left[2\overset{*}{\omega} H \frac{r}{r^2 + s^2} + (\overset{*}{\omega} - 2krs)\frac{c_p H}{AR}\right](\overset{*}{A} - A_2),$$

wobei zwischen ihnen zur Erfüllung der Randbedingung (35) die Beziehung:

(56) $$C_2 + C_4 = 0$$

bestehen muß, aus welcher sich die Konstanten A_2 und $(\overset{*}{A} - A_2) = A_4$ unter Verwendung der Abkürzungen:

(57) $$M = 2\overset{*}{\omega} H \frac{s}{r^2 + s^2} - k(r^2 - s^2)\frac{c_p H}{AR},$$

(58) $$N = 2\overset{*}{\omega} H \frac{r}{r^2 + s^2} + (\overset{*}{\omega} - 2krs)\frac{c_p H}{AR},$$

(59) $$R = 2\overset{*}{\omega} H\left[\frac{n}{m^2 + n^2} + \frac{s}{r^2 + s^2}\right] + k[(m^2 - n^2) - (r^2 - s^2)]\frac{c_p H}{AR}$$

und

(60) $$S = 2\overset{*}{\omega} H\left[\frac{m}{m^2 + n^2} - \frac{r}{r^2 + s^2}\right] + [(\overset{*}{\omega} + 2kmn) - (\overset{*}{\omega} - 2krs)]\frac{c_p H}{AR}$$

zu:

(61) $$\boxed{A_2 = \frac{MR - NS}{R^2 + S^2}\overset{*}{A} + i\frac{NR + MS}{R^2 + S^2}\overset{*}{A} = \dot{A}_2\overset{*}{A} + i\overset{\circ}{A}_2\overset{*}{A}}$$

und

(62) $$\boxed{A_4 = \left(1 - \frac{MR - NS}{R^2 + S^2}\right)\overset{*}{A} - i\frac{NR + MS}{R^2 + S^2}\overset{*}{A} = (1 - \dot{A}_2)\overset{*}{A} - i\overset{\circ}{A}_2\overset{*}{A}}$$

berechnen. Damit wiederum erhalten wir für B_2 und B_4 gemäß (49) und (50):

(63) $$\boxed{B_2 = -\frac{2}{m^2 + n^2}(m\dot{A}_2 - n\overset{\circ}{A}_2)\overset{*}{A} - i\frac{2}{m^2 + n^2}(m\overset{\circ}{A}_2 + n\dot{A}_2)\overset{*}{A} = \dot{B}_2\overset{*}{A} + i\overset{\circ}{B}_2\overset{*}{A}}$$

und

(64) $$\boxed{B_4 = -\frac{2}{r^2 + s^2}[r(1 - \dot{A}_2) - s\overset{\circ}{A}_2]\overset{*}{A} + i\frac{2}{r^2 + s^2}[r\overset{\circ}{A}_2 + s(1 - \dot{A}_2)]\overset{*}{A} = \dot{B}_4\overset{*}{A} + i\overset{\circ}{B}_4\overset{*}{A}}$$

sowie für C_2 und C_4 gemäß (54) und (55):

(65) $$\boxed{C_2 = \begin{aligned} &+\left\{\begin{aligned} &\left[2\overset{*}{\omega} H \frac{n}{m^2 + n^2} + k(m^2 - n^2)\frac{c_p H}{AR}\right]\dot{A}_2 + \\ &+\left[2\overset{*}{\omega} H \frac{m}{m^2 + n^2} + (\overset{*}{\omega} + 2kmn)\frac{c_p H}{AR}\right]\overset{\circ}{A}_2 \end{aligned}\right\}\overset{*}{A} + \\ &+ i\left\{\begin{aligned} &\left[2\overset{*}{\omega} H \frac{n}{m^2 + n^2} + k(m^2 - n^2)\frac{c_p H}{AR}\right]\overset{\circ}{A}_2 - \\ &-\left[2\overset{*}{\omega} H \frac{m}{m^2 + n^2} + (\overset{*}{\omega} + 2kmn)\frac{c_p H}{AR}\right]\dot{A}_2 \end{aligned}\right\}\overset{*}{A} \end{aligned} = \dot{C}_2\overset{*}{A} + i\overset{\circ}{C}_2\overset{*}{A}}$$

und schließlich:

$$C_4 = -\left\{\begin{aligned}&\left[2\overset{*}{\omega} H\frac{s}{r^2+s^2} - k(r^2-s^2)\frac{c_p H}{AR}\right](1-\dot{A}_2) + \\ +&\left[2\overset{*}{\omega} H\frac{r}{r^2+s^2} + (\overset{*}{\omega} - 2krs)\frac{c_p H}{AR}\right]\mathring{A}_2\end{aligned}\right\}\overset{*}{A} + i\left\{\begin{aligned}&\left[2\overset{*}{\omega} H\frac{s}{r^2+s^2} - k(r^2-s^2)\frac{c_p H}{AR}\right]\mathring{A}_2 - \\ -&\left[2\overset{*}{\omega} H\frac{r}{r^2+s^2} + (\overset{*}{\omega} - 2krs)\frac{c_p H}{AR}\right](1-\dot{A}_2)\end{aligned}\right\}\overset{*}{A} = \dot{C}_4\overset{*}{A} + i\,\mathring{C}_4\overset{*}{A}\,. \tag{66}$$

Berücksichtigen wir nun in den Gln. (47) bzw. (48) die für die Konstanten A_2 und $(\overset{*}{A} - A_2)$ bzw. B_2 und B_4 gefundenen Ausdrücke, so erhalten wir nach Anwendung der *Euler*schen Formel für τ und π Lösungen in komplexer Form, deren Real- bzw. Imaginärteile:

$$\Re e\{\tau(\xi,\eta,\zeta,t)\} = \left\{\begin{aligned}&e^{-m\zeta}\left[\dot{A}_2\cos(n\zeta+\overset{*}{\omega}t) - \mathring{A}_2\sin(n\zeta+\overset{*}{\omega}t)\right] + \\ +&e^{-r\zeta}\left[(1-\dot{A}_2)\cos(s\zeta-\overset{*}{\omega}t) - \mathring{A}_2\sin(s\zeta-\overset{*}{\omega}t)\right]\end{aligned}\right\}\overset{*}{A}\sin\left(\frac{\pi}{a}\xi\right)\sin\left(\frac{\pi}{b}\eta\right) \tag{67a}$$

bzw.

$$\Im m\{\tau(\xi,\eta,\zeta,t)\} = \left\{\begin{aligned}&e^{-m\zeta}\left[\dot{A}_2\sin(n\zeta+\overset{*}{\omega}t) + \mathring{A}_2\cos(n\zeta+\overset{*}{\omega}t)\right] - \\ -&e^{-r\zeta}\left[(1-\dot{A}_2)\sin(s\zeta-\overset{*}{\omega}t) + \mathring{A}_2\cos(s\zeta-\overset{*}{\omega}t)\right]\end{aligned}\right\}\overset{*}{A}\sin\left(\frac{\pi}{a}\xi\right)\sin\left(\frac{\pi}{b}\eta\right) \tag{67b}$$

sowie

$$\Re e\{\pi(\xi,\eta,\zeta,t)\} = \left\{\begin{aligned}&e^{-m\zeta}\left[\dot{B}_2\cos(n\zeta+\overset{*}{\omega}t) - \mathring{B}_2\sin(n\zeta+\overset{*}{\omega}t)\right] + \\ +&e^{-r\zeta}\left[\dot{B}_4\cos(s\zeta-\overset{*}{\omega}t) + \mathring{B}_4\sin(s\zeta-\overset{*}{\omega}t)\right]\end{aligned}\right\}\overset{*}{A}\sin\left(\frac{\pi}{a}\xi\right)\sin\left(\frac{\pi}{b}\eta\right) \tag{68a}$$

bzw.

$$\Im m\{\pi(\xi,\eta,\zeta,t)\} = \left\{\begin{aligned}&e^{-m\zeta}\left[\dot{B}_2\sin(n\zeta+\overset{*}{\omega}t) + \mathring{B}_2\cos(n\zeta+\overset{*}{\omega}t)\right] - \\ -&e^{-r\zeta}\left[\dot{B}_4\sin(s\zeta-\overset{*}{\omega}t) - \mathring{B}_4\cos(s\zeta-\overset{*}{\omega}t)\right]\end{aligned}\right\}\overset{*}{A}\sin\left(\frac{\pi}{a}\xi\right)\sin\left(\frac{\pi}{b}\eta\right) \tag{68b}$$

den Randbedingungen (33a) und (34a) bzw. (33b) und (34b) genügen, und mit denen sich σ gemäß (17a) zu:

$$\Re e\{\sigma(\xi,\eta,\zeta,t)\} = \left\{\begin{aligned}&e^{-m\zeta}\left[\{\dot{B}_2-\dot{A}_2\}\cos(n\zeta+\overset{*}{\omega}t) - \right.\\ &\qquad\left. - \{\mathring{B}_2-\mathring{A}_2\}\sin(n\zeta+\overset{*}{\omega}t)\right] + \\ +&e^{-r\zeta}\left[\{\dot{B}_4-(1-\dot{A}_2)\}\cos(s\zeta-\overset{*}{\omega}t) + \right.\\ &\qquad\left. + \{\mathring{B}_4+\mathring{A}_2\}\sin(s\zeta-\overset{*}{\omega}t)\right]\end{aligned}\right\}\overset{*}{A}\sin\left(\frac{\pi}{a}\xi\right)\sin\left(\frac{\pi}{b}\eta\right) \tag{69a}$$

bzw.

$$\Im m\{\sigma(\xi,\eta,\zeta,t)\} = \left\{\begin{aligned}&e^{-m\zeta}\left[\{\dot{B}_2-\dot{A}_2\}\sin(n\zeta+\overset{*}{\omega}t) + \right.\\ &\qquad\left. + \{\mathring{B}_2-\mathring{A}_2\}\cos(n\zeta+\overset{*}{\omega}t)\right] - \\ -&e^{-r\zeta}\left[\{\dot{B}_4-(1-\dot{A}_2)\}\sin(s\zeta-\overset{*}{\omega}t) - \right.\\ &\qquad\left. - \{\mathring{B}_4+\mathring{A}_2\}\cos(s\zeta-\overset{*}{\omega}t)\right]\end{aligned}\right\}\overset{*}{A}\sin\left(\frac{\pi}{a}\xi\right)\sin\left(\frac{\pi}{b}\eta\right) \tag{69b}$$

ergibt.

Die Horizontalkomponenten u und v der Geschwindigkeit berechnen sich vermittels der aus der symbolischen Lösung (Operatorenlösung [18]) des Systems (14a):

$$u = -gH\frac{f}{D_t^2+f^2}\frac{\partial\pi}{\partial y} - gH\frac{D_t}{D_t^2+f^2}\frac{\partial\pi}{\partial x} \tag{70}$$

bzw.

$$v = +gH\frac{f}{D_t^2+f^2}\frac{\partial\pi}{\partial x} - gH\frac{D_t}{D_t^2+f^2}\frac{\partial\pi}{\partial y} \tag{71}$$

bei Vernachlässigung von D_t^2 neben f^2 resultierenden *Brunt-Douglas*schen Gleichungen [19]:

$$u = -\frac{gH}{f}\frac{\partial \pi}{\partial y} - \frac{gH}{f^2}\frac{\partial}{\partial x}\left(\frac{\partial \pi}{\partial t}\right) \tag{72}$$

bzw.

$$v = +\frac{gH}{f}\frac{\partial \pi}{\partial x} - \frac{gH}{f^2}\frac{\partial}{\partial y}\left(\frac{\partial \pi}{\partial t}\right) \tag{73}$$

zu

$$\Re e\{u(\xi,\eta,\zeta,t)\} = -\frac{gH}{f}\overset{*}{A}\left[\begin{aligned}&\frac{\pi}{b}\frac{\partial \eta}{\partial y}\sin\left(\frac{\pi}{a}\xi\right)\cos\left(\frac{\pi}{b}\eta\right)\\ &\qquad\left\{\begin{aligned}&e^{-m\zeta}[\dot{B}_2\cos(n\zeta+\overset{*}{\omega}t)-\mathring{B}_2\sin(n\zeta+\overset{*}{\omega}t)]+\\ &+e^{-r\zeta}\,[\dot{B}_4\cos(s\zeta-\overset{*}{\omega}t)+\mathring{B}_4\sin(s\zeta-\overset{*}{\omega}t)]\end{aligned}\right\}-\\ &-\frac{\pi\overset{*}{\omega}}{af}\frac{\partial \xi}{\partial x}\cos\left(\frac{\pi}{a}\xi\right)\sin\left(\frac{\pi}{b}\eta\right)\\ &\qquad\left\{\begin{aligned}&e^{-m\zeta}[\mathring{B}_2\cos(n\zeta+\overset{*}{\omega}t)+\dot{B}_2\sin(n\zeta+\overset{*}{\omega}t)]+\\ &+e^{-r\zeta}\,[\mathring{B}_4\cos(s\zeta-\overset{*}{\omega}t)-\dot{B}_4\sin(s\zeta-\overset{*}{\omega}t)]\end{aligned}\right\}\end{aligned}\right] \tag{74a}$$

bzw.

$$\Im m\{u(\xi,\eta,\zeta,t)\} = -\frac{gH}{f}\overset{*}{A}\left[\begin{aligned}&\frac{\pi}{b}\frac{\partial \eta}{\partial y}\sin\left(\frac{\pi}{a}\xi\right)\cos\left(\frac{\pi}{b}\eta\right)\\ &\qquad\left\{\begin{aligned}&e^{-m\zeta}[\dot{B}_2\sin(n\zeta+\overset{*}{\omega}t)+\mathring{B}_2\cos(n\zeta+\overset{*}{\omega}t)]-\\ &-e^{-r\zeta}\,[\dot{B}_4\sin(s\zeta-\overset{*}{\omega}t)-\mathring{B}_4\cos(s\zeta-\overset{*}{\omega}t)]\end{aligned}\right\}-\\ &-\frac{\pi\overset{*}{\omega}}{af}\frac{\partial \xi}{\partial x}\cos\left(\frac{\pi}{a}\xi\right)\sin\left(\frac{\pi}{b}\eta\right)\\ &\qquad\left\{\begin{aligned}&e^{-m\zeta}[\mathring{B}_2\sin(n\zeta+\overset{*}{\omega}t)-\dot{B}_2\cos(n\zeta+\overset{*}{\omega}t)]-\\ &-e^{-r\zeta}\,[\mathring{B}_4\sin(s\zeta-\overset{*}{\omega}t)+\dot{B}_4\cos(s\zeta-\overset{*}{\omega}t)]\end{aligned}\right\}\end{aligned}\right] \tag{74b}$$

und

$$\Re e\{v(\xi,\eta,\zeta,t)\} = +\frac{gH}{f}\overset{*}{A}\left[\begin{aligned}&\frac{\pi}{a}\frac{\partial \xi}{\partial x}\cos\left(\frac{\pi}{a}\xi\right)\sin\left(\frac{\pi}{b}\eta\right)\\ &\qquad\left\{\begin{aligned}&e^{-m\zeta}[\dot{B}_2\cos(n\zeta+\overset{*}{\omega}t)-\mathring{B}_2\sin(n\zeta+\overset{*}{\omega}t)]+\\ &+e^{-r\zeta}\,[\dot{B}_4\cos(s\zeta-\overset{*}{\omega}t)+\mathring{B}_4\sin(s\zeta-\overset{*}{\omega}t)]\end{aligned}\right\}+\\ &+\frac{\pi\overset{*}{\omega}}{bf}\frac{\partial \eta}{\partial y}\sin\left(\frac{\pi}{a}\xi\right)\cos\left(\frac{\pi}{b}\eta\right)\\ &\qquad\left\{\begin{aligned}&e^{-m\zeta}[\mathring{B}_2\cos(n\zeta+\overset{*}{\omega}t)+\dot{B}_2\sin(n\zeta+\overset{*}{\omega}t)]+\\ &+e^{-r\zeta}\,[\mathring{B}_4\cos(s\zeta-\overset{*}{\omega}t)-\dot{B}_4\sin(s\zeta-\overset{*}{\omega}t)]\end{aligned}\right\}\end{aligned}\right] \tag{75a}$$

bzw.

$$\Im m\{v(\xi,\eta,\zeta,t)\} = +\frac{gH}{f}\overset{*}{A}\left[\begin{aligned}&\frac{\pi}{a}\frac{\partial \xi}{\partial x}\cos\left(\frac{\pi}{a}\xi\right)\sin\left(\frac{\pi}{b}\eta\right)\\ &\qquad\left\{\begin{aligned}&e^{-m\zeta}[\dot{B}_2\sin(n\zeta+\overset{*}{\omega}t)+\mathring{B}_2\cos(n\zeta+\overset{*}{\omega}t)]-\\ &-e^{-r\zeta}\,[\dot{B}_4\sin(s\zeta-\overset{*}{\omega}t)-\mathring{B}_4\cos(s\zeta-\overset{*}{\omega}t)]\end{aligned}\right\}+\\ &+\frac{\pi\overset{*}{\omega}}{bf}\frac{\partial \eta}{\partial y}\sin\left(\frac{\pi}{a}\xi\right)\cos\left(\frac{\pi}{b}\eta\right)\\ &\qquad\left\{\begin{aligned}&e^{-m\zeta}[\mathring{B}_2\sin(n\zeta+\overset{*}{\omega}t)-\dot{B}_2\cos(n\zeta+\overset{*}{\omega}t)]-\\ &-e^{-r\zeta}\,[\mathring{B}_4\sin(s\zeta-\overset{*}{\omega}t)+\dot{B}_4\cos(s\zeta-\overset{*}{\omega}t)]\end{aligned}\right\}\end{aligned}\right], \tag{75b}$$

während für die Vertikalkomponente w der Geschwindigkeit gemäß (51) unter Berücksichtigung von (65) und (66):

$$\Re e\,\{w(\xi,\eta,\zeta,t)\} = \left\{\begin{aligned} & e^{-m\zeta}\left[\dot{C}_2\cos(n\zeta+\overset{*}{\omega}t) - \mathring{C}_2\sin(n\zeta+\overset{*}{\omega}t)\right] + \\ & + e^{-r\zeta}\left[\dot{C}_4\cos(s\zeta-\overset{*}{\omega}t) + \mathring{C}_4\sin(s\zeta-\overset{*}{\omega}t)\right]\end{aligned}\right\} \overset{*}{A}\sin\left(\frac{\pi}{a}\xi\right)\sin\left(\frac{\pi}{b}\eta\right) \tag{76a}$$

bzw.

$$\Im m\,\{w(\xi,\eta,\zeta,t)\} = \left\{\begin{aligned} & e^{-m\zeta}\left[\dot{C}_2\sin(n\zeta+\overset{*}{\omega}t) + \mathring{C}_2\cos(n\zeta+\overset{*}{\omega}t)\right] - \\ & - e^{-r\zeta}\left[\dot{C}_4\sin(s\zeta-\overset{*}{\omega}t) - \mathring{C}_4\cos(s\zeta-\overset{*}{\omega}t)\right]\end{aligned}\right\} \overset{*}{A}\sin\left(\frac{\pi}{a}\xi\right)\sin\left(\frac{\pi}{b}\eta\right) \tag{76b}$$

resultiert.

Diese Gleichungen, die den physikalischen Zustand der gestörten Atmosphäre nach dem Abklingen des Einschwingungsvorganges beschreiben, können durch Einführung neuer Konstanten, wie wir am Beispiel des Druckes zeigen wollen, noch auf eine etwas einfachere und übersichtlichere Form gebracht werden. Machen wir nämlich für die in den Gln. (68a) bzw. (68b) auftretenden Konstanten $\dot{B}_2$ und $\mathring{B}_2$ bzw. $\dot{B}_4$ und $\mathring{B}_4$ die Ansätze:

$$\dot{B}_2 = \overset{*}{B}_2\cos(\delta) \tag{77}$$

und

$$\mathring{B}_2 = \overset{*}{B}_2\sin(\delta) \tag{78}$$

bzw.

$$\dot{B}_4 = \overset{*}{B}_4\cos(\varepsilon) \tag{79}$$

und

$$\mathring{B}_4 = \overset{*}{B}_4\sin(\varepsilon), \tag{80}$$

so reduzieren sich diese Gleichungen auf:

$$\begin{aligned}&\Re e\,\{\pi(\xi,\eta,\zeta,t)\} = \\ &= \left\{\overset{*}{B}_2 e^{-m\zeta}\cos\left[(n\zeta+\overset{*}{\omega}t)+\delta\right] + \overset{*}{B}_4 e^{-r\zeta}\cos\left[(s\zeta-\overset{*}{\omega}t)-\varepsilon\right]\right\}\overset{*}{A}\sin\left(\frac{\pi}{a}\xi\right)\sin\left(\frac{\pi}{b}\eta\right)\end{aligned} \tag{81a}$$

bzw.

$$\begin{aligned}&\Im m\,\{\pi(\xi,\eta,\zeta,t)\} = \\ &= \left\{\overset{*}{B}_2 e^{-m\zeta}\sin\left[(n\zeta+\overset{*}{\omega}t)+\delta\right] - \overset{*}{B}_4 e^{-r\zeta}\sin\left[(s\zeta-\overset{*}{\omega}t)-\varepsilon\right]\right\}\overset{*}{A}\sin\left(\frac{\pi}{a}\xi\right)\sin\left(\frac{\pi}{b}\eta\right)\end{aligned} \tag{81b}$$

wobei die neuen Konstanten $\overset{*}{B}_2$ und δ bzw. $\overset{*}{B}_4$ und ε durch die Beziehungen:

$$\overset{*}{B}_2 = \sqrt{\mathring{B}_2^2 + \dot{B}_2^2} \tag{82}$$

und

$$\operatorname{tg}\delta = \frac{\mathring{B}_2}{\dot{B}_2} \tag{83}$$

bzw.

$$\overset{*}{B}_4 = \sqrt{\mathring{B}_4^2 + \dot{B}_4^2} \tag{84}$$

und

$$\operatorname{tg}\varepsilon = \frac{\mathring{B}_4}{\dot{B}_4} \tag{85}$$

bestimmt sind. Es erübrigt sich, zu bemerken, daß die restlichen Gleichungen durch analoge Ansätze für die Konstanten sowie unter Beachtung der gemäß (14a—18a) zwischen ihnen bestehenden Beziehungen auf eine analoge Form gebracht werden können.

Von einer ausführlicheren Diskussion der obigen Gleichungen, die zwei in Richtung der negativen bzw. positiven ζ-Achse fortschreitende (gedämpfte) Wellen mit gleichen Perioden, aber verschiedenen Wellenlängen:

$$L_1 = \frac{2\pi}{n} \tag{86}$$

bzw.

$$L_2 = \frac{2\pi}{s} \tag{87}$$

und daher auch mit verschiedenen Fortpflanzungsgeschwindigkeiten:

$$c_1 = \frac{\overset{*}{\omega}}{n} \tag{88}$$

bzw.

$$c_2 = \frac{\overset{*}{\omega}}{s} \tag{89}$$

darstellen, wollen wir mit Rücksicht auf eine demnächst erscheinende und neben dem Wärmestrom auch noch die Reibung berücksichtigende Arbeit, in welcher die entsprechenden Gleichungen an Hand von zahlreichen numerischen Beispielen eingehendst studiert werden, absehen. Nur soviel wollen wir feststellen, daß sie in Übereinstimmung mit den in [1] abgeleiteten Gleichungen ein geschlossenes Zirkulationssystem nach Art des eingangs skizzierten beschreiben, daß sie aber im Gegensatz zu jenen Gleichungen nicht nur eine einmalige, sondern dem Charakter des neuen Ansatzes für q entsprechend eine mehrmalige Umkehrung des horizontalen Gefälles der einzelnen Elemente mit zunehmender Höhe ergeben. So liegt über dem unteren (warmen) Tiefdruckgebiet in der Höhe ein (kaltes) Hochdruckgebiet und umgekehrt über dem unteren (kalten) Hochdruckgebiet in der Höhe ein (warmes) Tiefdruckgebiet usw., wie es den von *A. Wagner* [20] auf Grund seines Studiums des Berg- und Talwindes aufgestellten Forderungen bezüglich nach oben begrenzter thermischer Zirkulationen entspricht. Die Höhen $\overset{*}{\zeta}$ der neutralen Druckflächen lassen sich dabei unter Beachtung des Umstandes, daß für $\zeta = \overset{*}{\zeta}$ die Ausdrücke innerhalb der geschwungenen Klammern in den Gln. (81a) bzw. (81b) verschwinden müssen, vermittels der transzendenten Gleichungen:

$$\boxed{\Re\mathrm{e}\{\overset{*}{\zeta}\} = -\frac{1}{m-r}\ln\left\{\frac{-\overset{*}{B}_4\cos[(s\overset{*}{\zeta}-\overset{*}{\omega}t)-\varepsilon]}{+\overset{*}{B}_2\cos[(n\overset{*}{\zeta}+\overset{*}{\omega}t)+\delta]}\right\}} \tag{90a}$$

bzw.

$$\boxed{\Im\mathrm{m}\{\overset{*}{\zeta}\} = -\frac{1}{m-r}\ln\left\{\frac{+\overset{*}{B}_4\sin[(s\overset{*}{\zeta}-\overset{*}{\omega}t)-\varepsilon]}{+\overset{*}{B}_2\sin[(n\overset{*}{\zeta}+\overset{*}{\omega}t)+\delta]}\right\}}, \tag{90b}$$

die Höhen der neutralen Flächen der übrigen Elemente vermittels analoger Gleichungen bestimmen.

Zum Schluß sei mir noch gestattet, meinem verehrten Lehrer, Herrn Prof. Dr. *Hans Ertel*, meinen ergebensten Dank für die Anregung zu dieser Untersuchung auszusprechen.

Literatur:

[1] *Griesseier, H.*, Z. f. Met. *6* (1952), 309.
[2] *Benard, H.*, Revue génerale des sciences pures et appl. *11* (1900), 1261.
[3] *Rayleigh, Lord.*, Phil. Mag. *32* (1916), 529.
[4] *Jeffreys, H.*, Q. J. R. Met. Soc. *52* (1926), 85.
[5] *Löhle, F.*, Met. Z. *58* (1941), 278.
[6] *Skeib, G.*, Z. f. Met. *1* (1947), 178.
[7] *Neumann, G.*, Ann. d. Met. *1* (1948), 235.
[8] *Gutman, L. N.*, Priklad. Mat. Mech. *14* (1950), 277, (Russ.).
[9] *Stümke, H.*, Met. Rdschau, *5* (1952), 1.
[10] *Stümke, H.*, Z. angew. Math. Mech. *32* (1952), 68.
[11] *Hann-Süring*, Lehrb. d. Met., 5. Aufl., Leipzig 1951, S. 503ff.
[12] *Ertel, H.*, Met. Z. *59* (1942), 250.
[13] *Ertel, H.*, Met. Z. *60* (1943), 246.
[14] *Ertel, H.*, Met. Z. *61* (1944), 8.
[15] *Ertel, H.*, Met. Z. *61* (1944), 14.
[16] *Ertel, H.*, Met. Z. *60* (1943), 289.
[17] *Bjerknes, V.*, und Mitarbeiter, Physikalische Hydrodynamik, Berlin 1933, S. 277ff.
[18] *Ertel, H.*, Elemente der Operatorenrechnung, Berlin 1940, S. 97.
[19] *Brunt, O.*, and *Douglas, C. K. M.*, Mem. Roy. Met. Soc. London, *3* (1928), Nr. 22.
[20] *Wagner, A.*, Gerl. Beitr. z. Geoph. 51 (1937), 410.

Anschrift: Dr. Helmut Griesseier, Institut für Physikalische Hydrographie der Dt. Akademie der Wissenschaften zu Berlin, Berlin-Friedrichshagen, Müggelseedamm 260.

551.524.33

Über thermisch bedingte Zirkulationsmechanismen in einer im Grundzustand ruhenden, isothermen Atmosphäre

Von **W. Böhme**

Mit 1 Abbildung

Zusammenfassung: Eine im Grundzustand isotherme und ruhende Atmosphäre wird dadurch gestört, daß periodisch verteilte und periodisch wirkende Wärmequellen an der (ebenen) Grundfläche der Atmosphäre auftreten. Aus dem System der hydro-thermodynamischen Feldgleichungen werden unter angenäherter Berücksichtigung der Reibung die Störungen sämtlicher Feldgrößen ermittelt. Auf zahlreiche Anwendungsmöglichkeiten wird einleitend hingewiesen.

I. Einleitung

Bei der Behandlung von Problemen der physikalischen Hydrodynamik, speziell der atmosphärischen Dynamik [1], müßte, wie z. B. *V. Bjerknes* zusammenfassend in seinem programmatischen Aufsatz [2] betonte, — selbst wenn man hinsichtlich der Zusammensetzung der Atmosphäre von variablen Beimengungen absieht — im allgemeinen ein simultanes System von 6 Gleichungen gelöst werden. Diese 6 Gleichungen sind bekanntlich die drei Komponenten der Bewegungsgleichung, die Kontinuitätsgleichung und eine Form des ersten Hauptsatzes der Thermodynamik, die Differentialbeziehungen darstellen, sowie eine gewöhnliche Gleichung, die Zustandsgleichung für ideale Gase. Die Lösung dieses Systems stößt aber, sogar wenn eine Linearisierung erlaubt ist, im allgemeinen auf große Schwierigkeiten, und die Ergebnisse sind dann oft ziemlich unübersichtlich. Die Schwierigkeiten lassen sich bis zu einem gewissen Grade vermindern, wenn man die realen Probleme mathematisch in erster Näherung als rein thermodynamische oder als rein hydrodynamische behandeln oder in zwei derartige Teilprobleme zerlegen kann, oder wenn man es mit Aufgaben zu tun hat, bei deren Lösung das von *V. Bjerknes* ([2] S. 5) vorgeschlagene iterative Verfahren verwendet werden kann. Andererseits ist aber eine solche *Trennung nicht immer vorteilhaft,* besonders wenn es sich darum handelt, den Einfluß von Wärmequellen und Wärmesenken bei der Entstehung oder bei der Modifikation der verschiedensten Formen atmosphärischer Zirkulationen und Bewegungen zu ergründen, angefangen von den kurzperiodischen oder kurzlebigen, kleinräumigen Zirkulationen, wie dem Land- und Seewind, bis zu der „Allgemeinen Zirkulation" und ihren Störungen. So wurde z. B. auf die Bedeutung, die dem thermodynamischen Teil des genannten simultanen Systems selbst bei solchen Aufgaben zukommt, die bisher fast nur rein hydrodynamisch behandelt worden sind, jüngst von *G. Hollmann* [3], [4] hingewiesen. Er konnte nämlich zeigen, daß die räumliche und zeitliche Verteilung der Wärmequellen über Stabilität oder Instabilität sowohl der planetarischen als auch der kürzeren atmosphärischen Wellen entscheidet.

Bei der Behandlung des gesamten Systems der 6 Gleichungen tritt aber, wie schon *V. Bjerknes* bemerkte (vgl. z. B. [2]) und wie besonders *H. Philipps* [1], [5] dargelegt hat, die Schwierigkeit auf, daß das Gleichungssystem mit seinen 7 abhängigen Variablen (3 Geschwindigkeitskomponenten, Druck, Dichte, Temperatur und Wärmequellen) unterbestimmt ist. Um das System lösbar zu machen, müßte man, wenn nicht der Weg der Vorgabe einer der 7 Variablen gegangen werden soll, dieses System um eine oder mehrere Strahlungsgleichungen und die zugeordneten Grenzbedingungen vermehren ([1], [5], [6]). Zwar sind *Philipps* [1] mit einem solchermaßen vervollständigten System Aussagen über bestimmte Formen der allgemeinen Zirkulation gelungen, — aber genauso, wie das Studium von Vorgängen allein mit dem hydrodynamischen Teil des genannten Systems das Studium von Vorgängen mit dem gesamten System (der 6 Gleichungen) gefördert hat, dürfte es wichtig sein, um Fragen auf der Grundlage des im obigen Sinne vervollständigten Systems klären zu können, sich verstärkt der Behandlung jener Probleme zuzuwenden, die näherungsweise auch dadurch zu lösen sind, daß *an Stelle der durch die Strahlungsgleichungen implizit eingeführten Wärmezufuhr direkt eine Verteilung der äußeren Wärmezufuhr vorgegeben wird,* wobei auch noch die bei Kondensationsprozessen frei werdende Wärme berücksichtigt werden kann; — denn die Lösung des vervollständigten thermohydrodynamischen Systems ist — von Einzelfällen abgesehen — sicher ungleich schwieriger als die Behandlung des einfachen thermo-hydrodynamischen Systems unter Vorgabe der Wärmequellen. Die Vorgabe hat einerseits so zu erfolgen, daß die Realität möglichst gut wiedergegeben wird und daß andererseits die Schwierigkeiten bei der Lösung des Systems und bei der Auswertung erträglich bleiben.

Untersuchungen über die Wirkung solcher (vorgegebener) Wärme- und Kältequellen mittels der Methoden der theoretischen Meteorologie sind zweifellos von hohem praktischem und theoretischem Wert, da sie gestatten, in die Kausalität des atmosphärischen Geschehens tiefer einzudringen, wie in neuerer Zeit in größerer Anzahl erschienene Arbeiten u. a. von *H. Stümke* [7], [8], [9], [10] (im Anschluß an eine Untersuchung *L. Prandtls* [11]), *F. Defant* [12], [13], [14], *H. Griesseier* [15], [16], *K. Hinkelmann* [17] und *G. Hollmann* [3], [4], [18], [19], [20] zeigen. Neben einer Vertiefung unseres Wissens über die Genese und den Ablauf solch „klassischer" Phänomene wie des Land- und Seewindes (in einer ausführlichen Studie über den Land- und Seewind unterstreicht *F. Balkema* [58] besonders die Rolle, die die unterschiedliche Wärmezufuhr von der Unterlage her bei der Genese dieser Erscheinung spielt) und des in neuester Zeit wieder heftig umstrittenen „Monsuns" (*H. Flohn* [21], [22], *S. P. Chromow* [23], *E. Heyer* [24], dagegen *P. Raethjen* [25]) können wir von solchen Arbeiten — bei entsprechender Spezialisierung — auch Aufschluß über die Wirkung von Wärmequellen und Wärmesenken einerseits in bestimmten synoptischen Situationen und andererseits hinsichtlich der allgemeinen Zirkulation erwarten. Damit könnten Folgerungen bestätigt werden, die in einer Reihe neuerer Arbeiten mitgeteilt oder nahegelegt wurden, die sich mit der Wirkung von Wärmequellen in solchen Fällen direkt oder am Rande beschäftigen: Vor einiger Zeit hat z. B. *H. K. Meyer* [26], [27] auf das unterschiedliche Verhalten von Kaltlufttropfen über einem schneebedeckten Kontinent und über dem Meere hingewiesen und dafür unter anderem den verschiedenen thermischen Einfluß der Unterlage verantwortlich gemacht. Jüngst [28] vermochte er diese Ausführungen zu präzisieren und zu verallgemeinern; die durch Wärmezufuhr von der Unterlage her induzierten Druckänderungen können so beträchtlich werden, daß sie bei der 24- bis 36stündigen Vorhersage bereits berücksichtigt werden müssen und bei der Konstruktion der Vorhersagekarten z. T. schon berücksichtigt werden. Andererseits hat *J. Namias* [29] auf einen zu vermutenden Einfluß der Wärme- und Kältequellenverteilung auf das Auftreten von gewissen Großwetterlagen und ihre Weiterentwicklung hingewiesen. *P. Raethjen* hat neuerdings einerseits ([25] Kapitel I, VI, XIV) die *Helmholtz-Ferrel*sche Konvektionszyklone (thermische Zyklone) wieder in größerem Maße zur Erklärung zyklogenetischer Prozesse herangezogen und andererseits ([25], besonders Kapitel IV) erneut auf den Einfluß der Wärme- und Kältequellenverteilung auf Besonderheiten der allgemeinen Zirkulation aufmerksam gemacht. *R. Scherhag* ([30] S. 81) konnte die ausgedehnte Höhentrogbildung über den winterlichen Kontinenten der Nordhalbkugel auf durchaus plausible Weise als indirekten Effekt der ausstrahlungsbedingten Abkühlung der Festlandsmassen deuten. Die quasistationären Rücken und Tröge (z. B. im 500-mb-Niveau) im Bereich des Westwindgürtels der gemäßigten Breiten — unter ihnen auch der ganzjährig über dem nördlichen Nordamerika liegende Höhentrog — sollen nach *R. C. Sutcliffe* [59] im wesentlichen thermischer Natur sein im Gegensatz zur Anschauung z. B. von *B. Bolin* [60], der diese Rücken und Tröge einem topographisch-dynamischen Effekt zuschreiben möchte. *H. Flohn* [61] führte in Ergänzung hierzu aus, daß die Gebirge nicht nur durch diesen topographisch-dynamischen Effekt, sondern auch in ihrer Eigenschaft als hochgelegene Heizflächen — als Heizflächen in zweierlei Hinsicht sogar: einmal im direkten Sinn und einmal indirekt durch das Freisetzen von Kondensationswärme bei Stauerscheinungen — bewirken, daß die planetarische Zirkulation modifiziert wird.

In dieser Mitteilung wollen wir uns zunächst damit begnügen, die Wärmezufuhr und -abfuhr an der Grundfläche einer im Grundzustand ruhenden und isothermen Atmosphäre vorzugeben, und zwar sollen die Wärmequellen periodisch auf dieser (ebenen) Grenzfläche verteilt sein und periodisch wirken. Es wird also von einer Berücksichtigung der äußeren Wärmezufuhr (zu der äußeren Wärmezufuhr soll außer dem Anteil, der durch Strahlungsabsorption und -emission und die Phasenumwandlungen des Wassers bedingt ist, hier — ausnahmsweise — auch der durch Reibung verursachte Wärmegewinn gezählt werden) in der freien Atmosphäre abgesehen, d. h., es wird in der freien Atmosphäre jegliche Wärmezufuhr vernachlässigt außer derjenigen, die dem vertikalen Turbulenzwärmestrom zuzuschreiben ist. Dieses Modell gestattet bereits die — idealisierte — Behandlung zahlreicher Probleme, z. B. die Behandlung des Land- und Seewindes und anderer lokaler, thermisch bedingter, kurzperiodischer Ausgleichswinde, die Behandlung von thermisch bedingten Zirkulationen mit jährlicher Periode (der Name „Monsun" soll seiner Mehrdeutigkeit wegen zunächst vermieden werden) und von bestimmten Fragen der allgemeinen Zirkulation sowie die Behandlung des täglichen Ganges der verschiedensten meteorologischen Elemente (wobei wandernde Wärmequellen vorauszusetzen sind).

In weiteren Mitteilungen sollen die in dieser Arbeit ermittelten Resultate auf ein Teilproblem des Land- und Seewindes und in ausführlicherer Form auf thermisch bedingte Zirkulationen mit jährlicher Periode (monsunale Zirkulationen) angewandt werden. Damit wird gleichzeitig ein Beitrag zur Frage der Genese der monsunalen Zirkulation gegeben werden können.

H. Griesseier hat in zwei Studien [15], [16] für das hier anzugreifende Problem bereits vorgearbeitet; die vorliegende Arbeit kann als eine Fortsetzung und Erweiterung der letztgenannten Studie [16] gelten. Dort wurde die Reibung nicht berücksichtigt. Die Horizontalkomponenten des Windes wurden in *Brunt-Douglas*scher Näherung berechnet. Von diesen beiden Vernachlässigungen wird jetzt abgesehen.

II. Bezeichnungen

Um die mathematische Behandlung nicht zu sehr zu komplizieren, ersetzen wir die Erdoberfläche im interessierenden Bereich durch eine Tangentialebene. Wir führen ein rechtwinkliges Koordinatensystem ein: die z-Achse stehe senkrecht auf der Tangentialebene (z werde aufwärts positiv gezählt), die x- und y-Achse sollen so in der Tangentialebene liegen, daß das x, y, z-System ein Rechtssystem bildet; speziell sollen die positive x-Achse nach Osten, die positive y-Achse nach Norden zeigen. Als vierte unabhängige Variable tritt die Zeit t auf. Als abhängige Variable kommen vor

$$T,\ p,\ \varrho,\ u,\ v,\ w,$$

d. h. (bzw.) Temperatur, Druck, Dichte und die x-, y- und z-Komponente des Windfeldes. Die *Größe der abhängigen Variablen im Grundzustand* werde durch Überstreichen gekennzeichnet (da wir die Störungen in rein periodischer Form ansetzen, kann der Grundzustand auch als ein mittlerer Zustand angesehen werden):

$$\overline{T},\ \overline{p},\ \overline{\varrho},\ \overline{u},\ \overline{v},\ \overline{w}.$$

Durch die Wirkung der am Erdboden lokalisierten Wärmequellen wird der Grundzustand gestört. Die *Feldgrößen*

$$T,\ p,\ \varrho,\ u,\ v,\ w$$

des auf diese Weise *gestörten Feldes* zerlegen wir jeweils in zwei Teile

$$(1)\qquad T = \overline{T} + \mathring{T},\quad p = \overline{p} + \mathring{p},\quad \varrho = \overline{\varrho} + \mathring{\varrho},\quad u = \overline{u} + \mathring{u},\quad v = \overline{v} + \mathring{v},\quad w = \overline{w} + \mathring{w},$$

wobei

$$\mathring{T},\ \mathring{p},\ \mathring{\varrho},\ \mathring{u},\ \mathring{v},\ \mathring{w}$$

die *Abweichungen vom Grundzustand* (*absolute Störungsgrößen*) sind. Dabei gilt erfahrungsgemäß

$$(1\,\text{a})\qquad \mathring{a} \ll \overline{a} \quad \text{für} \quad a = T,\ p,\ \varrho.$$

Für $\mathring{T}$, $\mathring{p}$, $\mathring{\varrho}$ wird der Ansatz

$$(2)\qquad \mathring{T} = \overline{T}\tau,\quad \mathring{p} = \overline{p}\pi,\quad \mathring{\varrho} = \overline{\varrho}\sigma \quad (\text{mit } \tau, \pi, \sigma \ll 1)$$

gemacht; τ, π, σ sind dann die *relative Temperatur-*, *die relative Druck- und die relative Dichtestörung.* Aus (1) und (2) folgt

$$(3)\qquad T = \overline{T}(1 + \tau),\quad p = \overline{p}(1 + \pi),\quad \varrho = \overline{\varrho}(1 + \sigma),$$

ein Ansatz, den als erster wohl *M. Margules* in der Gruppe seiner klassischen Arbeiten über die freien und erzwungenen Schwingungen der Atmosphäre ([31], [32], [33]) verwendete.

Außerdem benutzen wir u. a. noch die folgenden wichtigen Abkürzungen und Symbole:

A = Austauschkoeffizient (für Wärme);
c_p = spezifische Wärme trockener Luft bei konstantem Druck;
$D_\gamma, D_\gamma^2, \cdots = \frac{\partial}{\partial\gamma}, \frac{\partial^2}{\partial\gamma^2}, \cdots$ = Differentialoperatoren ($\gamma = x, y, z, t$);
$f = 2\omega\sin\varphi$ = Coriolisparameter, φ = geographische Breite, ω = Winkelgeschwindigkeit der Erde;
g = Schwerebeschleunigung;
$H = \frac{R\overline{T}_0}{g}$ = Höhe der homogenen Atmosphäre (wird nur als Hilfsgröße benutzt!), $\overline{T}_0 = \overline{T}(z = 0)$;
i = imaginäre Einheit;
k = *Guldberg-Mohn*sche Reibungskonstante;
$\frac{1}{2}l_x$, $\frac{1}{2}l_y$ = Länge bzw. Breite einer Zelle der zellenförmig vorgegebenen Wärmequellenverteilung;
l_t = Periode der Störung;
$L = W_z^{0+}$ (s. bei W_z^{0+});
q = Gesamtwärmezufuhr pro Volumen- und Zeiteinheit;
q^* = äußere Wärmezufuhr pro Volumen- und Zeiteinheit (Strahlungsabsorption, Kondensationswärme, Reibungswärme; siehe auch S. 53);
R = Gaskonstante trockener Luft;
$s = \frac{2\pi}{l_t}$ = Kreisfrequenz der Störung;
$\vec{W}$ = (Turbulenz-) Wärmestrom;
$W_z^{0+} = L$ = vertikale Komponente des (Turbulenz-)Wärmestroms $\vec{W}$ dicht über der Fläche $z = 0$ (genauer: für $z = 0 + \varepsilon$ mit $\varepsilon \to 0$, aber stets $\varepsilon > 0$);
W_z^{0-} = vertikale Komponente des Wärmestroms dicht unter der Fläche $z = 0$ (genauer: für $z = 0 - \varepsilon$ mit $\varepsilon \to 0$, aber stets $\varepsilon > 0$);

ζ_j = Wurzeln des charakteristischen Polynoms, $j = 1, 2, 3, 4$;
$\bar{\zeta}_j$ = die konjugiert komplexe Größe zu ζ_j;
$\eta = \frac{2\pi}{l_y}$ (π hier Kreiszahl!);
$\varkappa$ = Temperaturleitfähigkeit infolge turbulenter Durchmischung;
λ = Wärmeleitfähigkeit infolge turbulenter Durchmischung;
$\xi = \frac{2\pi}{l_x}$ (π hier Kreiszahl!).

III. Das Differentialgleichungssystem

(A) für den ungestörten Zustand (Grundzustand)

Da die Atmosphäre im Grundzustand ruhend und isotherm sein sollte, gilt

(4) $$\bar{u} = \bar{v} = \bar{w} = 0, \quad \bar{T} = \bar{T}_0 = \text{const},$$

(5) $$\frac{\partial \bar{p}}{\partial x} = \frac{\partial \bar{p}}{\partial y} = 0, \quad \frac{\partial \bar{p}}{\partial z} = -g\bar{\varrho},$$

(6) $$\bar{p} = R\bar{\varrho}\bar{T},$$

also

(7) $$\bar{p} = \bar{p}_0 e^{-\frac{z}{H}}, \quad \bar{\varrho} = \bar{\varrho}_0 e^{-\frac{z}{H}},$$

mit

$$\bar{p}_0 = p(z=0), \quad \bar{\varrho}_0 = \bar{\varrho}(z=0).$$

(B) für die gestörte Atmosphäre

Die gestörte Atmosphäre soll den folgenden Gleichungen genügen, den horizontalen Komponenten der Bewegungsgleichung:

(8) $$\frac{du}{dt} - fv = -\frac{1}{\varrho}\frac{\partial p}{\partial x} - ku,$$

(9) $$\frac{dv}{dt} + fu = -\frac{1}{\varrho}\frac{\partial p}{\partial y} - kv,$$

der statischen Grundgleichung:

(10) $$g = -\frac{1}{\varrho}\frac{\partial p}{\partial z},$$

der Kontinuitätsgleichung:

(11) $$\frac{d\varrho}{dt} + \varrho\left(\frac{\partial u}{\partial x} + \frac{\partial v}{\partial y} + \frac{\partial w}{\partial z}\right) = 0,$$

der Zustandsgleichung für ideale Gase:

(12) $$p = R\varrho T$$

und dem I. Hauptsatz der Thermodynamik:

(13) $$\varrho c_p \frac{dT}{dt} - \frac{dp}{dt} = q = -\operatorname{div}\vec{W} = \lambda\frac{\partial^2 T}{\partial z^2}, \qquad (\lambda = \text{const})$$

wobei

(14) $$\frac{d}{dt} = \frac{\partial}{\partial t} + u\frac{\partial}{\partial x} + v\frac{\partial}{\partial y} + w\frac{\partial}{\partial z}.$$

Wir bemerken, daß wir uns, anstatt einen Turbulenzreibungsansatz zu benutzen, zunächst mit dem *Guldberg-Mohn*schen Reibungsansatz begnügen. Da wir über die Unterschiede orientiert sind, die bei der Lösung einfacher, stationärer Probleme zwischen den Lösungen auftreten, die mit diesen verschiedenen Ansätzen gewonnen werden (*Guldberg-Mohn*scher Reibungswind und *Ekman*spirale; z. B. [34] S. 282—294), können wir auch die Art der Unterschiede abschätzen, die zwischen der Lösung auftreten, die wir erhalten werden, und jener, die wir erhalten würden, wenn wir mit einem Turbulenzreibungsansatz gerechnet hätten.

Die Wärmezufuhr q (pro Volumen- und Zeiteinheit) setzt sich eigentlich zusammen aus einem Anteil, der dem (Turbulenz)-Wärmestrom $\vec{W}$ zuzuschreiben ist $(-\operatorname{div}\vec{W})$, und einem Anteil q^*, der von den äußeren Wärmequellen (Kondensation usw.) herrührt:

(13a) $$q = -\operatorname{div}\vec{W} + q^*.$$

Der Anteil q^* wird jedoch, wie (13) zeigt, in dieser Studie gegenüber $\operatorname{div}\vec{W}$ vernachlässigt. Außerdem haben wir angenommen, daß $\vec{W}$ proportional dem negativen Gradienten der Temperatur T ist (die horizontalen Ableitungen in ΔT wurden gegenüber der vertikalen vernachlässigt; $\Delta \cdots = \mathrm{div}(\mathrm{grad} \cdots)$ = *Laplace*scher Operator). Diese Annahme steht in Übereinstimmung mit Ergebnissen theoretischer Untersuchungen *H. Ertels* ([35], [36], [37], [38] und besonders [39]; die letztgenannte Arbeit wird von einem anderweitigen Einwand *H. P. Schmitz'* [40] nicht berührt) und ist um so mehr gerechtfertigt, als wir für praktische Beispiele annehmen müssen, daß $\vec{W}$ neben dem durch die rein dynamisch-turbulente Durchmischung bedingten Anteil auch einen Anteil umfaßt, der durch kleinräumige Konvektion (z. B. infolge Überhitzung der bodennahen Luftschichten) hervorgerufen wird. Zudem würde in einer Atmosphäre, in der der Wärmeaustausch mit $\vec{W} \sim$ -grad ϑ (ϑ = potentielle Temperatur) vor sich ginge (*W. Schmidt* [41], *L. Prandtl* [42], [43], *F. Defant* [12], [13], [14]), bereits im angenommenen Grundzustand ($\overline{T}$ = const) ein Wärmestrom ständig zur Erdoberfläche hin fließen. Einen solchen permanenten, zusätzlichen Wärmestrom wollen wir aber in unserem Modell außer Betracht lassen.

(C) für die relativen Störungsgrößen

Wir nehmen weiter an, daß auch $u = \mathring{u}$, $v = \mathring{v}$, $w = \mathring{w}$ sowie ihre Ableitungen kleine Größen erster Ordnung sind; die Berechtigung dieser Annahme wird in einer weiteren Mitteilung für einen speziellen Fall nachgeprüft. Die Größen τ, π, σ sind es erfahrungsgemäß. Ersetzen wir im System (B) (Gleichungen (8), (9), (10), (11), (12) und (13)) T, p, ϱ mit Hilfe der Beziehungen (3) durch τ, π, σ, und vernachlässigen wir Größen, die klein von höherer als erster Ordnung sind, so erhalten wir das folgende System (C):

$$D_t u - f v + g H D_x \pi + k u = 0 \tag{15}$$

$$D_t v + f u + g H D_y \pi + k v = 0 \tag{16}$$

$$\tau - H D_z \pi = 0 \tag{17}$$

$$D_t \sigma + D_x u + D_y v + \left(D_z - \frac{1}{H}\right) w = 0 \tag{18}$$

$$\pi - \tau - \sigma = 0 \tag{19}$$

$$c_p D_t \tau - R D_t \pi + \frac{R}{H} w - c_p \varkappa D_z^2 \tau = 0 \tag{20}$$

Dabei ist

$$c_p \varkappa = \frac{\lambda}{\bar{\varrho}} \quad \text{mit} \quad \varkappa = \frac{A}{\bar{\varrho}} \quad \left(\text{also } A = \frac{\lambda}{c_p}\right), \tag{21}$$

wobei $\varkappa$ = const trotz λ = const angenommen wird. Allzu schwerwiegend dürfte diese Inkongruenz (s. z. B. [44] S. 500) nicht sein gegenüber der Tatsache, daß man überhaupt mit konstanten Koeffizienten ($\varkappa$, A) rechnet, statt sie allgemein als zeit- und höhenabhängig anzunehmen.

IV. Zusammenstellung der Vernachlässigungen und Annahmen

Der Übersichtlichkeit halber werden die Vernachlässigungen und Annahmen zusammengestellt, die bei der Herleitung des Systems (C) benutzt wurden:

1. Die Atmosphäre soll frei von variablen Beimengungen sein.
2. Die Luft wird als ideales Gas behandelt.
3. Die Erdoberfläche wird in dem betrachteten Gebiet durch eine Tangentialebene ersetzt; φ wird in $f = 2\omega \sin\varphi$ als konstant angenommen.
4. Die Flächen gleichen Schwerepotentials sollen Flächen z = const sein.
5. Es sei g = const und $\vec{\omega}$ = const ($\vec{\omega}$ = Drehvektor der Erde).
6. In der Bewegungsgleichung (8) wurde das Glied $2\omega \cos\varphi \cdot w$ vernachlässigt.
7. Es wird quasistatisch gerechnet.
8. In der freien Atmosphäre seien keine äußeren Wärmequellen q^* tätig.
9. Der Wärmeleitungskoeffizient λ wird als Konstante betrachtet.
10. Die horizontalen Komponenten des Turbulenz-Wärmestroms werden gegenüber der vertikalen vernachlässigt. Im Turbulenzwärmestrom soll der Wärmestrom, der durch eine etwaige Konvektion erzeugt wird, mit einbegriffen sein.
11. Als Grundzustand wird eine unbewegte und isotherme Atmosphäre angenommen.
12. Die durch die Störung erzeugten Bewegungen sollen hinreichend schwach sein. Die eingeführten relativen Störungsgrößen τ, π, σ sind unter den üblichen Bedingungen auf jeden Fall kleine Größen.
13. Produkte zwischen kleinen Größen werden vernachlässigt. Dadurch treten keine advektiven Glieder (der Form $\vec{v} \cdot \mathrm{grad} \ldots$) mehr auf ($\vec{v} = (u, v, w)$).

14. Trotz 9. wird $c_p \varkappa = \frac{\lambda}{\bar{\varrho}} = c_p \frac{A}{\bar{\varrho}}$ als konstant angesehen.

15. Statt eines Turbulenzreibungsansatzes wird der *Guldberg-Mohn*sche Reibungsansatz verwendet.

Die Mehrzahl der Vernachlässigungen und Annahmen — nämlich 1., 2., 4., 5., 6., 7., 9., 12., 13. und 14. — wird fast stets bei Untersuchungen dieser Art eingeführt. — Die Annahme 3. setzt voraus, daß die Gebiete nicht zu groß sind, die betrachtet werden. — Die Annahme 9. in Verbindung mit 14. erwähnten wir bereits im Abschnitt III (C). — Im Abschnitt III (B) wurde die Frage des Reibungsansatzes 15. behandelt. — Inwiefern die Vernachlässigungen gemäß 12. und 13. zulässig sind, werden wir erst an Hand eines Beispieles feststellen.

V. Die Grenzbedingungen

Das System (C) (Gleichungen (15) bis (20)) besitzt 4 unabhängige Veränderliche (x, y, z, t) und 6 abhängige $(\tau, \pi, \sigma, u, v, w)$. Es ist linear, homogen und von

4. Ordnung bezüglich der Ableitung nach z,
3. Ordnung bezüglich der Ableitung nach t,
2. Ordnung bezüglich der Ableitung nach x,
2. Ordnung bezüglich der Ableitung nach y.

Um ein solches System überhaupt lösen zu können, muß eine bestimmte Anzahl Grenzbedingungen vorgegeben sein; bezüglich z werden es z. B. 4 sein müssen.

Eine solche Randbedingung bezüglich z ist in unserem Falle bereits die Vorgabe der Verteilung der Wärmequellen an der Fläche $z = 0$ oder mit anderen Worten, die Vorgabe der Verteilung der Vertikalkomponente des (Turbulenz-)Wärmestroms $W_z^{0+} = L$ an (besser gesagt: dicht über) dieser Fläche. Die Vorgabe dieser beiden Verteilungen ist nämlich äquivalent: Man kann auf einfache Weise allgemein zeigen, daß die an einer solchen, mathematisch idealisierten, also „nicht-materiellen" Grenzfläche effektiv von außen z. B. durch Strahlung pro Zeit- und Flächeneinheit zugeführte Wärmemenge gleich sein muß der Wärmemenge, die durch irgendeine Form der Wärmeleitung (molekulare oder turbulente) von dieser Fläche aus nach beiden Seiten pro Zeit- und Flächeneinheit fortgeführt wird, so daß die Bilanz der insgesamt zu- und abgeführten Wärmemengen jederzeit ausgeglichen ist, *wenn man nur voraussetzt, daß die Temperatur an dieser Grenzfläche immer stetig sein soll* (die Ableitungen in Normalenrichtung brauchen an der Fläche natürlich nicht stetig zu sein). Wäre die Bilanz nämlich nicht ausgeglichen, so würde die Temperaturverteilung an der Grenzfläche nicht stetig bleiben (näheres im ersten Teil des „Anhangs": Abschnitt X, 1). — Im Falle, daß die Grenzfläche die Grundfläche der Atmosphäre $(z = 0)$ ist, muß man also die dieser Fläche von außen zugeführte Wärmemenge q_F^* (Strahlungsabsorption, Kondensation) in jedem Augenblick gleichsetzen der Wärmemenge, die durch Wärmeleitung einerseits in die Atmosphäre $(W_z^{0+} = L)$ und andererseits in den Erdboden $(-W_z^{0-})$ hineintransportiert wird (z aufwärts positiv gezählt):

$$q_F^* = W_z^{0+} - W_z^{0-}. \tag{22}$$

Einer Vorgabe von $(q_F^* + W_z^{0-})$ kommt demnach — wie behauptet — eine Vorgabe von $L = W_z^{0+}$ gleich (weitere Bemerkungen hierzu im Abschnitt X, 1).

Der Einfachheit halber wird nun angenommen, daß dieser Wärmestrom L von einfachster Form periodisch in x, y und t sei. Da das System einschließlich der noch hinzukommenden Grenzbedingungen linear ist, lassen sich mittels der Fourierzerlegung dann auch vorgegebene Verteilungen allgemeinerer Natur behandeln. — Also:

$$L = L_0 \sin\xi x \sin\eta y\, e^{ist} \quad (\xi, \eta, s\text{: s. Abschnitt II}), \tag{23}$$

was unter Beachtung von $\vec{W} = -\lambda \operatorname{grad} T$ (s. Abschnitt III (B)), (21) und (3) wegen

$$L = W_z^{0+} = W_z(z = 0_+) = -\lambda \left(\frac{\partial T}{\partial z}\right)_{z=0_+} = -A\, c_p \bar{T} \left(\frac{\partial \tau}{\partial z}\right)_{z=0_+} = +A\, c_p \bar{T} \overset{*}{W} \tag{24}$$

mit

$$\overset{*}{W} = -\left(\frac{\partial \tau}{\partial z}\right)_{z=0_+} \quad ((z = 0_+) \text{ bedeutet: dicht über der Fläche } z = 0) \tag{24a}$$

auch

$$\boxed{\overset{*}{W} = \overset{*}{W}_0 \sin\xi x \sin\eta y\, e^{ist}} \tag{R1}$$

geschrieben werden kann, wobei

$$\overset{*}{W}_0 = \frac{L_0}{A\, c_p \bar{T}}. \tag{24b}$$

L und $\overset{*}{W}$ sind, da sie den Faktor e^{ist} enthalten, komplexe Größen (L_0, die vorzugebende Amplitude des Wärmestroms, ist eine reelle Größe). Wir werden uns, nachdem wir die Lösung des Systems (C) für die komplexe Bedingung (R 1) und die noch anzugebenden Grenzbedingungen gefunden haben, auf den Realteil von $\overset{*}{W}$

(R1') $$\mathrm{Re}(\overset{*}{W}) = \overset{*}{W}_0 \sin\xi x \sin\eta y \cos(st)$$

spezialisieren, was hier erlaubt ist, da das System (C) (einschließlich der Grenzbedingungen) nur reelle Koeffizienten besitzt. Von dem der Bedingung (R 1) zugeordneten Lösungssystem dürfen dann ebenfalls nur die Realteile genommen werden, wenn man zu der Bedingung (R 1') übergeht.

(R 1') sagt aus, daß die Wärmequellen zellenförmig-periodisch verteilt sind und periodisch wirken. Von der Verteilung der Wärme- und Kältequellen (an der Fläche $z = 0$) zum Zeitpunkt $t = 0$ z. B. erhält man einen besseren Eindruck, wenn man die in [15] mitgeteilte Abbildung betrachtet. Die ξ-Achse braucht dazu nur in x-Achse, die η-Achse in y-Achse umbenannt zu werden. Die in dieser Abbildung angegebene fundamentale Länge $2a$ entspricht der Länge l_x, die Länge $2b$ der Länge l_y. Die Abbildung gilt für $l_x = l_y$.

Da $\overset{*}{W}$ periodisch in x, y, t gewählt wurde, werden wir auch von den Störungsgrößen (τ, π, σ, u, v, w) erwarten können, daß sie periodisch in x, y, t sind. *Es brauchen demnach bezüglich x, y, t keine weiteren Grenzbedingungen vorgegeben zu werden*, da an ihre Stelle die folgenden *Periodizitätsbedingungen* treten:

(RP) $$\boxed{\psi(x, y, z; t) = \psi(x + n_x l_x,\; y + n_y l_y,\; z;\; t + n_t l_t)},$$

wobei

$$\psi = \tau, \pi, \sigma, u, v, w$$

und

$$n_x, n_y, n_t \quad \text{ganz, aber sonst beliebig.}$$

Diese Beziehung (RP) soll also für alle Kombinationen der n_x, n_y, n_t und alle für ψ einzusetzenden Größen gelten.

Lediglich bezüglich der Variablen z müssen wir noch drei weitere Randbedingungen angeben. Wir benutzen die folgenden, die a priori erfüllt sein müssen:

(R2) $$w = 0 \quad \text{für} \quad z = 0$$
(R3) $$\pi \to 0 \quad \text{für} \quad z \to \infty$$
(R4) $$\tau \to 0 \quad \text{für} \quad z \to \infty$$

Natürlich müssen alle Größen ψ für $z \to \infty$ gegen Null gehen, aber die einzelnen 6 Bedingungen $\psi \to 0$ für $z \to \infty$ mit $\psi = \tau, \pi, \sigma, u, v, w$ sind sicher nicht alle voneinander unabhängig, wie man z. B. schon an Gleichung (19) erkennt. Wir benutzen bei der Ermittelung der Lösung tatsächlich nur diese 4 Randbedingungen ((R1) bis (R4)); — die Bedingung (RP) wird bereits bei der Wahl des Lösungsansatzes berücksichtigt werden. Man könnte statt $\pi \to 0$ und $\tau \to 0$ für $z \to \infty$ auch zwei andere der Größen ψ nehmen. Vermutlich würde dadurch der Gang der Rechnung nicht vereinfacht. Wir wählten τ und π, da von diesen Größen Ableitungen nach z im System (C) vorkommen.

VI. Die charakteristische Gleichung des Systems (C)

Es existieren nach einem allgemeinen Satz nur dann nicht-triviale Lösungen des Systems (C) bezüglich τ, π, σ, u, v und w, wenn die Determinate D der „Koeffizienten" (die Koeffizienten sind hier z. T. Differentialoperatoren) verschwindet; oder mit anderen Worten: Jede nicht-triviale Lösung muß die Bedingung D = 0 erfüllen. — Diese Bedingung lautet in unserem Falle

(25) $$\boxed{(P^2 + f^2) D_z (H D_z - 1) \overset{*}{P} + gRP(D_x^2 + D_y^2) = 0}$$

mit

(25a) $$P = D_t + k, \quad \overset{*}{P} = c_p (D_t - \varkappa D_z^2).$$

Die Beziehung (25) erhält man entweder, indem man die Determinante D auf die übliche Weise ausrechnet, oder — was wesentlich schneller geht —, indem man die einzelnen Gleichungen des Systems in passender Weise so miteinander kombiniert, daß alle bis auf eine der unabhängigen Variablen eliminiert werden (weitere Einzelheiten s. Abschnitt X, 2).

Die Gleichung (25) ist die „*charakteristische Operatorengleichung*" (Differentialoperatoren), die unter gewissen Voraussetzungen in ein charakteristisches Polynom übergeht (vgl. [45] S. 65). Jede einzelne der Größen ψ muß dieser charakteristischen Gleichung genügen.

VII. Der Lösungsansatz und das charakteristische Polynom

Da die Randbedingung (R 1) periodisch in x, y und t ist, benutzen wir

(26) $$\psi = A_\psi e^{\zeta z} e^{\pm i \xi x} e^{\pm i \eta y} e^{i s t}$$

als Lösungsansatz, wobei A_ψ eine Konstante ist. Es sollen dabei alle möglichen Vorzeichenkombinationen (insgesamt vier) in Betracht gezogen werden. Für ψ kann man jede der sechs abhängigen Variablen $\tau, \pi, \sigma, u, v, w$ einsetzen. Wir werden allerdings in der Folge im wesentlichen diesen Ansatz nur für die relative Temperaturstörung τ benötigen:

(26a) $$\tau = A_\tau e^{\zeta z} e^{\pm i \xi x} e^{\pm i \eta y} e^{i s t}.$$

Wendet man die Operatorenbeziehung (25) auf diesen Ansatz an, so erhält man — nach einigen Umformungen — zur Bestimmung von ζ das charakteristische Polynom 4. Grades in ζ:

(27) $$\boxed{\zeta^4 - \frac{1}{H}\zeta^3 - \frac{i s}{\varkappa}\zeta^2 + \frac{i s}{\varkappa H}\zeta + \frac{\alpha}{\varkappa H} = 0}$$

mit

(27a) $$\alpha = \frac{R g (i s + k)(\xi^2 + \eta^2)}{c_p [(i s + k)^2 + f^2]}.$$

Den Fall, daß gleichzeitig $s = 0$ und $k = 0$ gilt, wollen wir von den folgenden Betrachtungen ausschließen.

VIII. Die Lösung, die das System (C) sowie die Grenzbedingungen (R 1), (R 2), (R 3), (R 4) und (RP) befriedigt

Die vier Wurzeln des Polynoms (27) seien

$$\zeta_1, \zeta_2, \zeta_3, \zeta_4.$$

Wir können ohne wesentliche Einschränkung der Allgemeinheit annehmen ([46] S. 50), daß keine Mehrfach-Wurzeln auftreten. Dann hat die Lösung für τ ganz allgemein gemäß Ansatz (26a) die folgende Form:

(28) $$\tau = \sum_{\mu=0}^{1} \sum_{\nu=0}^{1} \sum_{j=1}^{4} A_j^{\mu,\nu} e^{\zeta_j z} e^{(-1)^\mu i \xi x} e^{(-1)^\nu i \eta y} e^{i s t}.$$

Die 16 Konstanten $A_j^{\mu,\nu}$ sind aus den Randbedingungen zu bestimmen.

Leider gibt es kein Verfahren, die Wurzeln eines Polynoms 4. oder höheren Grades für den allgemeinen Fall als Funktionen der Koeffizienten des Polynoms explizit hinzuschreiben. Es ist deshalb von vornherein nicht zu sehen, wieviele der Wurzeln $\zeta_1, \zeta_2, \zeta_3, \zeta_4$ einen positiven und wieviele einen negativen Realteil haben. Man kann jedoch zeigen ([46] S. 80): *Das vorliegende Problem (System* (C) *+ Grenzbedingungen) kann dann und nur dann (auf der Grundlage des Ansatzes* (26)) *gelöst werden, wenn das dem System* (C) *vermöge des Ansatzes* (26) *zugeordnete charakteristische Polynom* (27) *genau zwei Wurzeln besitzt, die einen negativen Realteil haben.* Eine Bedingung dafür, daß das Polynom tatsächlich 2 solche Wurzeln besitzt, wird im Abschnitt X, 3 angegeben.

Wir nehmen für das Weitere an, daß diese Bedingung erfüllt ist, daß also gilt:

(29) $$\begin{aligned} &\mathrm{Re}(\zeta_1) < 0, \quad \mathrm{Re}(\zeta_2) < 0, \\ &\mathrm{Re}(\zeta_3) > 0, \quad \mathrm{Re}(\zeta_4) > 0. \end{aligned}$$

Wegen (R4) folgt für $j = 3{,}4$ ($\mu = 0{,}1$; $\nu = 0{,}1$)

$$A_j^{\mu,\nu} = 0.$$

Statt (28) können wir nunmehr schreiben:

(30) $$\tau = \sum_{\mu=0}^{1} \sum_{\nu=0}^{1} (A_1^{\mu,\nu} e^{\zeta_1 z} + A_2^{\mu,\nu} e^{\zeta_2 z}) e^{(-1)^\mu i \xi x} e^{(-1)^\nu i \eta y} e^{i s t}.$$

Wir bilden $\left(\frac{\partial \tau}{\partial z}\right)_{z=0_+}$ und vergleichen das Resultat mit der Randbedingung (R1), der wir auch die Form

(31) $$-\overset{*}{W} = \left(\frac{\partial \tau}{\partial z}\right)_{z=0_+} = \frac{\overset{*}{W}_0}{4} \sum_{\mu=0}^{1} \sum_{\nu=0}^{1} (-1)^{\mu+\nu} e^{(-1)^\mu i \xi x} e^{(-1)^\nu i \eta y} e^{i s t}$$

geben können. Man erhält auf diese Weise die folgenden vier Beziehungen für die restlichen acht $A_j^{\mu,\nu}$ ($j = 1{,}2$; $\mu = 0{,}1$; $\nu = 0{,}1$):

(32) $$\overset{*}{W}_0 (-1)^{\mu+\nu} = 4 (A_1^{\mu,\nu} \zeta_1 + A_2^{\mu,\nu} \zeta_2).$$

Setzt man τ aus (30) in die Beziehung (17) ein, so findet man bei Verwendung der Randbedingung (R3)

$$\pi = \frac{1}{H} \sum_{\mu=0}^{1} \sum_{\nu=0}^{1} \left(A_1^{\mu,\nu} \frac{1}{\zeta_1} e^{\zeta_1 z} + A_2^{\mu,\nu} \frac{1}{\zeta_2} e^{\zeta_2 z} \right) e^{(-1)^\mu i \xi x} e^{(-1)^\nu i \eta y} e^{i s t}. \tag{33}$$

Aus (19) ergibt sich dann für die relative Dichtestörung σ:

$$\sigma = \sum_{\mu=0}^{1} \sum_{\nu=0}^{1} \left[A_1^{\mu,\nu} \left(\frac{1}{H\zeta_1} - 1 \right) e^{\zeta_1 z} + A_2^{\mu,\nu} \left(\frac{1}{H\zeta_2} - 1 \right) e^{\zeta_2 z} \right] e^{(-1)^\mu i \xi x} e^{(-1)^\nu i \eta y} e^{i s t}. \tag{34}$$

Indem wir (15) mit $(D_t + k)$ und (16) mit f multiplizieren und beide Gleichungen addieren, erhalten wir

$$[(D_t + k)^2 + f^2]\, u = [-(D_t + k)\, D_x - f D_y]\, g H \pi. \tag{35}$$

Wegen (26) folgt unter Berücksichtigung von (33)

$$u = -\frac{g}{N^*} \sum_{\mu=0}^{1} \sum_{\nu=0}^{1} \left(A_1^{\mu,\nu} \frac{1}{\zeta_1} e^{\zeta_1 z} + A_2^{\mu,\nu} \frac{1}{\zeta_2} e^{\zeta_2 z} \right) [(-1)^\mu \xi (-s + i k) + (-1)^\nu i f \eta] \times e^{(-1)^\mu i \xi x} e^{(-1)^\nu i \eta y} e^{i s t} \tag{36}$$

mit

$$N^* = -s^2 + 2 i s k + k^2 + f^2 \tag{36a}$$

und analog

$$v = -\frac{g}{N^*} \sum_{\mu=\nu}^{1} \sum_{\nu=0}^{1} \left(A_1^{\mu,\nu} \frac{1}{\zeta_1} e^{\zeta_1 z} + A_2^{\mu,\nu} \frac{1}{\zeta_2} e^{\zeta_2 z} \right) [(-1)^\mu (-i \xi f) + (-1)^\nu \eta (-s + i k)] \times e^{(-1)^\mu i \xi x} e^{(-1)^\nu i \eta y} e^{i s t}. \tag{37}$$

Die Vertikalkomponente w des Windes kann man nun sofort mit Hilfe von Gleichung (20) bestimmen. Wegen der Randbedingung (R 2) gilt dabei (vier Gleichungen, da $\mu = 0{,}1$ und $\nu = 0{,}1$)

$$A_1^{\mu,\nu} L_1 + A_2^{\mu,\nu} L_2 = 0 \tag{38}$$

mit

$$L_j = \frac{H}{R} \left(-c_p i s + c_p \varkappa \zeta_j^2 + \frac{i s R}{H \zeta_j} \right) = \frac{1}{\frac{1}{H} - \zeta_j} \left(\frac{1}{\zeta_j} \left(\frac{i s}{H} + M^* \right) - i s \right), \qquad (j = 1, 2) \tag{39}$$

wobei

$$M^* = \frac{g}{N^*} (i s + k)(\xi^2 + \eta^2) = \frac{\alpha c_p}{R}. \tag{39a}$$

Die Identität (39) ergibt sich mit Hilfe einer Gleichung, die man bei Anwendung der Operatorengleichung (25) auf (26) erhält. Die Beziehung (38) — für L_j den letzten Teil der Identität (39) eingesetzt — erhält man übrigens auch durch Lösung der Differentialgleichung (18) bezüglich w z. B. unter Anwendung der Operatorenrechnung bzw. der Laplacetransformation (z. B. [47], [48], [49]), wenn außer der Bedingung (R2) noch die — wie wir hier sehen — von (R1), (R2), (R3), (R4) auf kompliziertere Weise abhängige Bedingung $w \to 0$ für $z \to \infty$ befriedigt werden soll.

Für die Vertikalkomponente w findet man also

$$\begin{aligned} w &= \sum_{\mu=0}^{1} \sum_{\nu=0}^{1} (A_1^{\mu,\nu} L_1 e^{\zeta_1 z} + A_2^{\mu,\nu} L_2 e^{\zeta_2 z}) e^{(-1)^\mu i \xi x} e^{(-1)^\nu i \eta y} e^{i s t} \\ &= \sum_{\mu=0}^{1} \sum_{\nu=0}^{1} A_1^{\mu,\nu} L_1 (e^{\zeta_1 z} - e^{\zeta_2 z}) e^{(-1)^\mu i \xi x} e^{(-1)^\nu i \eta y} e^{i s t}, \end{aligned} \tag{40}$$

letzteres wegen der Bedingung (38).

Die aus vier Gleichungen bestehende Bedingung (38) liefert außerdem zusammen mit den vier Gleichungen (32) ein System von acht Gleichungen, das zur Bestimmung der acht Größen $A_j^{\mu,\nu}$ ($j = 1, 2$; $\mu = 0{,}1$; $\nu = 0{,}1$) ausreicht. Man erhält

$$\left\{ \begin{aligned} A_1^{\mu,\nu} &= (-1)^{\mu+\nu} \frac{\overset{*}{W}_0}{4} \frac{L_2}{L_2 \zeta_1 - L_1 \zeta_2}, \\ A_2^{\mu,\nu} &= -(-1)^{\mu+\nu} \frac{\overset{*}{W}_0}{4} \frac{L_1}{L_2 \zeta_1 - L_1 \zeta_2}, \end{aligned} \right. \tag{41}$$

im einzelnen

(41 a) $$\begin{cases} A_1^{0,0} = A_1^{1,1} = -A_1^{1,0} = -A_1^{0,1} = \dfrac{\overset{*}{W}_0}{4}\dfrac{L_2}{L_D}, \\ A_2^{0,0} = A_2^{1,1} = -A_2^{1,0} = -A_2^{0,1} = -\dfrac{\overset{*}{W}_0}{4}\dfrac{L_1}{L_D}, \end{cases}$$

wobei

(41 b) $$L_D = L_2\zeta_1 - L_1\zeta_2 .$$

Trägt man in (30), (33), (34), (36), (37) und (40) für die Größen $A_j^{\mu,\nu}$ die in (41) gefundenen Werte ein, so ergeben sich, wenn man beachtet, daß

(42) $$\begin{cases} \sum\limits_{\mu=0}^{1}\sum\limits_{\nu=0}^{1}(-1)^{\mu+\nu} e^{(-1)^\mu i\xi x} e^{(-1)^\nu i\eta y} = -4\sin\xi x \sin\eta y, \\ \sum\limits_{\mu=0}^{1}\sum\limits_{\nu=0}^{1}(-1)^{\nu} e^{(-1)^\mu i\xi x} e^{(-1)^\nu i\eta y} = i\,4\cos\xi x \sin\eta y, \\ \sum\limits_{\mu=0}^{1}\sum\limits_{\nu=0}^{1}(-1)^{\mu} e^{(-1)^\mu i\xi x} e^{(-1)^\nu i\eta y} = i\,4\sin\xi x \cos\eta y, \end{cases}$$

die folgenden Beziehungen für τ, π, σ, u, v, w:

(43) $$\tau = \frac{\overset{*}{W}_0}{L_D}\left(L_1 e^{\zeta_2 z} - L_2 e^{\zeta_1 z}\right)\sin\xi x \sin\eta y\, e^{ist}$$

(44) $$\pi = \frac{\overset{*}{W}_0}{HL_D}\left(\frac{L_1}{\zeta_2} e^{\zeta_2 z} - \frac{L_2}{\zeta_1} e^{\zeta_1 z}\right)\sin\xi x \sin\eta y\, e^{ist}$$

(45) $$\sigma = \frac{\overset{*}{W}_0}{L_D}\left[L_1\left(\frac{1}{H\zeta_2} - 1\right)e^{\zeta_2 z} - L_2\left(\frac{1}{H\zeta_1} - 1\right)e^{\zeta_1 z}\right]\sin\xi x \sin\eta y\, e^{ist}$$

(46) $$u = \frac{i g \overset{*}{W}_0}{N^* L_D}\left[\frac{L_1}{\zeta_2} e^{\zeta_2 z} - \frac{L_2}{\zeta_1} e^{\zeta_1 z}\right]\left[(-s + i k)\,\xi\cos\xi x \sin\eta y + i\eta f \sin\xi x \cos\eta y\right] e^{ist}$$

(47) $$v = \frac{i g \overset{*}{W}_0}{N^* L_D}\left[\frac{L_1}{\zeta_2} e^{\zeta_2 z} - \frac{L_2}{\zeta_1} e^{\zeta_1 z}\right]\left[(-s + i k)\,\eta\sin\xi x \cos\eta y - i\xi f \cos\xi x \sin\eta y\right] e^{ist}$$

(48) $$w = \frac{\overset{*}{W}_0}{L_D} L_1 L_2\left(e^{\zeta_2 z} - e^{\zeta_1 z}\right)\sin\xi x \sin\eta y\, e^{ist}$$

Also: *Das Differentialgleichungssystem* (C) *wird unter Befriedigung der Grenzbedingungen* (R1), (R2) (R3), (R4) *und* (RP) *gelöst durch das System der Gleichungen* (43), (44), (45), (46), (47) *und* (48). Die Größen L_D, L_j, M^*, N^* stellen nur Abkürzungen dar, die in (41 b), (39), (39 a), (36 a) erläutert werden.

IX. Die Lösung, die das System (C) sowie die Grenzbedingungen (R 1′), (R 2), (R 3), (R 4) und (RP) befriedigt

Im folgenden wird die Lösung des Systems (C) angegeben, die der Bedingung (R1′) statt der Bedingung (R1) genügt. Das bedeutet, daß wir zum Realteil der im Abschnitt VIII angegebenen Lösung ((43) bis (48)) übergehen müssen. Nach elementaren, aber umfangreichen Rechnungen finden wir (statt $\mathrm{Re}(\tau)$ wurde wieder τ geschrieben usw.):

(49) $$\tau = C\left(Q_1 e^{Fz}\cos(G') - Q_2 e^{Fz}\sin(G') - Q_3 e^{Mz}\cos(N') + Q_4 e^{Mz}\sin(N')\right)\sin\xi x \sin\eta y$$

(50) $$\pi = \frac{C}{H}\left[C_2\left(\overset{\circ}{Q}_1 e^{Fz}\cos(G') - \overset{\circ}{Q}_2 e^{Fz}\sin(G')\right) - C_1\left(\overset{\circ}{Q}_3 e^{Mz}\cos(N') - \overset{\circ}{Q}_4 e^{Mz}\sin(N')\right)\right]\sin\xi x \sin\eta y$$

(51) $$\sigma = \frac{C}{H}\Big[\left(C_2\overset{\circ}{Q}_1 - HQ_1\right)e^{Fz}\cos(G') - \left(C_2\overset{\circ}{Q}_2 - HQ_2\right)e^{Fz}\sin(G') - \left(C_1\overset{\circ}{Q}_3 - HQ_3\right)e^{Mz}\cos(N') + \left(C_1\overset{\circ}{Q}_4 - HQ_4\right)e^{Mz}\sin(N')\Big]\sin\xi x \sin\eta y$$

(52) $$u = C^*\left[\varphi_1\left(-k\xi\cos\xi x \sin\eta y - f\eta\sin\xi x \cos\eta y\right) + \varphi_2\left(s\xi\cos\xi x \sin\eta y\right)\right]$$

(53) $$v = C^*\left[\varphi_1\left(-k\eta\sin\xi x \cos\eta y + f\xi\cos\xi x \sin\eta y\right) + \varphi_2\left(s\eta\sin\xi x \cos\eta y\right)\right]$$

(54) $$w = C\left[\hat{Q}_1\left(e^{Fz}\cos(G') - e^{Mz}\cos(N')\right) - \hat{Q}_2\left(e^{Fz}\sin(G') - e^{Mz}\sin N'\right)\right]\sin\xi x \sin\eta y$$

Es wurden dabei folgende Abkürzungen verwendet:

$$\varphi_1 = C_2\left(\overset{*}{Q}_1 e^{Fz}\cos(G') - \overset{*}{Q}_2 e^{Fz}\sin(G')\right) - C_1\left(\overset{*}{Q}_3 e^{Mz}\cos(N') - \overset{*}{Q}_4 e^{Mz}\sin(N')\right), \tag{55}$$

$$\varphi_2 = C_2\left(\overset{*}{Q}_2 e^{Fz}\cos(G') + \overset{*}{Q}_1 e^{Fz}\sin(G')\right) - C_1\left(\overset{*}{Q}_4 e^{Mz}\cos(N') + \overset{*}{Q}_3 e^{Mz}\sin(N')\right), \tag{56}$$

$$C = \frac{\overset{*}{W}_0}{|L_D|^2}, \quad C_j = \frac{1}{|\zeta_j|^2} \quad (j = 1, 2), \quad C^* = \frac{g\,C}{|N^*|^2}, \tag{57}$$

$$G' = G'(z, t) = G z + s t, \quad N' = N'(z, t) = N z + s t, \tag{58}$$

wobei $M, N, F, G, Q_m, \overset{\circ}{Q}_m, \overset{*}{Q}_m, \hat{Q}_n$, $(m = 1, 2, 3, 4;\ n = 1, 2)$ implizit definiert sind durch (Überstreichen bedeutet hier, daß die konjugiert komplexe Größe zu nehmen ist):

$$\zeta_1 = M + iN, \quad \zeta_2 = F + iG \quad (M, N, F, G \text{ reell};\ M < 0;\ F < 0), \tag{59}$$

$$\begin{aligned} L_1 \overline{L_D} &= Q_1 + i Q_2, \\ L_2 \overline{L_D} &= Q_3 + i Q_4, \end{aligned} \quad (Q_m \text{ reell}) \tag{60}$$

$$\begin{aligned} L_1 \overline{L_D}\,\overline{\zeta_2} &= \overset{\circ}{Q}_1 + i \overset{\circ}{Q}_2, \\ L_2 \overline{L_D}\,\overline{\zeta_1} &= \overset{\circ}{Q}_3 + i \overset{\circ}{Q}_4, \end{aligned} \quad (\overset{\circ}{Q}_m \text{ reell}) \tag{61}$$

$$\begin{aligned} L_1 \overline{L_D}\,\overline{\zeta_2}\,\overline{N^*} &= \overset{*}{Q}_1 + i \overset{*}{Q}_2, \\ L_2 \overline{L_D}\,\overline{\zeta_1}\,\overline{N^*} &= \overset{*}{Q}_3 + i \overset{*}{Q}_4, \end{aligned} \quad (\overset{*}{Q}_m \text{ reell}) \tag{62}$$

$$L_1\left(L_2 \overline{L_D}\right) = L_2\left(L_1 \overline{L_D}\right) = \hat{Q}_1 + i \hat{Q}_2. \quad (\hat{Q}_n \text{ reell}) \tag{63}$$

Die Bedeutung von ζ_j, L_D, L_j, M^*, N^* $(j = 1, 2)$ wurde auf Seite 59 bzw. in (41b), (39), (39a), (36a) niedergelegt.

Mit (49), (50), (51), (52), (53) und (54) haben wir ein Gleichungssystem gewonnen, mit dem die einleitend genannten Erscheinungen behandelt werden können. Es wird den Ausgangspunkt für eine Reihe weiterer Mitteilungen bilden.

X. Ergänzende Bemerkungen

1. *zum Abschnitt V, besonders zur Beziehung* (22):

Eine mathematisch idealisierte, also „nicht-materielle" Fläche trenne zwei verschiedene Bereiche, die mit ein und demselben Stoff oder auch mit voneinander verschiedenen Stoffen angefüllt seien. Die der Flächeneinheit dieser Fläche $F(x, y, z) = 0$ — der Einfachheit halber werde die aus eventuell mehreren Teilen bestehende Fläche als fest im x, y, z-Raum angenommen — in der Zeiteinheit von außen (z. B. infolge Strahlungsabsorption) zugeführte Wärmemenge $q_F^*(t)$ denken wir uns zunächst auf eine der Fläche entsprechende Schicht der sehr kleinen Dicke $2\Delta n$ verteilt, so daß gemäß (13a)

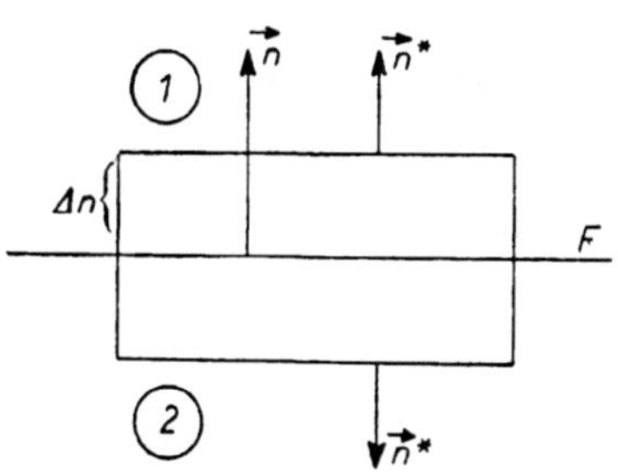

Abb. 1

$$q = -\operatorname{div}\vec{W} + q^* \tag{64}$$

noch Sinn behält, wobei also

$$df \int_{-\Delta n}^{+\Delta n} q^*\,dn = q_F^*\,df \tag{65}$$

auch noch für $\Delta n \to 0$ gültig sein soll; df ist dabei ein Element der Fläche F, dn das Linienelement der Normalen $\vec{n}$ der Fläche F (s. Abb. 1; diese Skizze gibt einen Schnitt in Richtung der Flächennormalen in einem sehr kleinen Bereich), n werde in der Richtung vom Gebiet ② zum Gebiet ① (Abb. 1) positiv gezählt. Weiter sei F ein beliebiges Teilgebiet der Fläche F. Integration über den zugehörigen Abschnitt der Schicht, angewandt auf die Gleichung (64), ergibt

$$\int_V q\,dV = -\int_V \operatorname{div}\vec{W}\,dV + \int_V q^*\,dV, \tag{66}$$

wobei also

$$\int_V \ldots dV = \int_{F} \int_{-\Delta n}^{+\Delta n} \ldots df\, dn. \tag{67}$$

Indem wir auf das erste Glied auf der rechten Seite von (66) den *Gaußschen* Satz anwenden, wobei $\vec{n}^*$ die äußere Normale des Volumen V sei, ergibt sich, wenn wir unter dS ein Element der Oberfläche S von V verstehen wollen,

$$\int_{F} \int_{-\Delta n}^{+\Delta n} q\, df\, dn = -\int_S (\vec{W}\vec{n}^*)\, dS + \int_{F} \int_{-\Delta n}^{+\Delta n} q^*\, df\, dn. \tag{68}$$

Es gehe nunmehr $\Delta n \to 0$. Dann wird der Strom W_{n^*}, der durch die Oberfläche S tritt, verschwindend klein mit Ausnahme der Anteile, die durch die zu $\dot{F}$ parallelen Deckflächen von V treten. Es gilt also unter Berücksichtigung von (65)

$$\lim_{\Delta n \to 0} \int_{F} \int_{-\Delta n}^{+\Delta n} q\, df\, dn = -\int (W_{n^*}^{(1)} + W_{n^*}^{(2)})\, df + \int_{F} q_F^*\, df. \tag{69}$$

Dabei bedeutet $W_{n^*}^{(1)} = W_n^{(1)}$ den Wärmestrom ($\vec{W}$ = Wärmestrom infolge turbulenter, molekularer oder turbulenter und molekularer Wärmeleitung), der von der Fläche F her in das Gebiet ① eintritt, und $W_{n^*}^{(2)} = -W_n^{(2)}$ den Wärmestrom, der von der Fläche F her in das Gebiet ② eintritt. Die linke Seite von (69) muß bei Ausführung des Grenzüberganges in den Wert Null übergehen, falls man wie üblich (z. B. [50], [51], [52]), wie es bei einer nicht-materiellen Fläche sein muß, voraussetzt, daß die Temperatur an der Fläche F stetig sein soll. Da $\dot{F}$ beliebig gewählt war, gilt

$$\boxed{0 = -(W_n^{(1)} - W_n^{(2)}) + q_F^*} \tag{70}$$

Diese Gleichung sagt also aus: *Die von außen der Fläche zugeführte Wärmemenge wird sofort von der Fläche als Wärmestrom in beide Gebiete hinein wieder abgegeben.*

Ist speziell die betrachtete Fläche die Fläche $z = 0$ und zählen wir z aufwärts positiv, so erhalten wir (Bedeutung der Bezeichnungen s. Abschnitt II)

$$\boxed{q_F^* = W_z^{0+} - W_z^{0-}} \tag{71}$$

was mit der Beziehung (22) identisch ist.

An der Grundfläche der Atmosphäre ($z = 0$) setzt sich q_F^* zusammen aus

$$q_F^* = E(1 - \text{Albedo}) - A^* - V^*, \tag{72}$$

wobei E die gesamte eingestrahlte Energie (Globalstrahlung) der kurzwelligen Strahlung ist, „Albedo" die Albedo der Erdoberfläche, A^* die Wärmemenge, die die effektive Ausstrahlung verbraucht, und V^* die zur Verdunstung benötigte Wärmemenge (von der Reibungswärme wird hier abgesehen). Die Größen E, A^* und V^* stellen jeweils umgesetzte Wärmemengen pro Zeit- und Flächeneinheit dar. Die Größe q_F^* spaltet sich gemäß unserer Ausführungen in zwei Wärmeströme auf, von denen der eine — mit *F. Albrecht* [53] B genannt — in den Erdboden geht ($-W_z^{0-}$ entsprechend) und der andere, mit *Albrecht* L genannte (W_z^{0+} entsprechend) in die Atmosphäre geht. Zwar sind in der Wirklichkeit die Verhältnisse in der unmittelbaren Nähe der Grenzfläche sehr verwickelt (vgl. z. B. [54]), man kann aber die Übertragung der Wärme in den untersten Luftschichten wohl so betrachten, als ob solch ein Wärmestrom W_z^{0+} unmittelbar an der Grenzfläche $z = 0$ effektiv flösse. Es ist demnach

$$W_z^{0+} = L = E(1 - \text{Albedo}) - A^* - V^* - B. \tag{73}$$

Wir haben in dieser Arbeit die Größe L als vorgegeben angesehen (Abschnitt V). Die Vorgabe dieser Größe L kommt, wie wir bemerken, der Vorgabe der Differenz ($q_F^* - B$) gleich. Vom physikalischen Standpunkt aus wäre es natürlich sinnvoller, wenn man nur q_F^* oder, was wegen (72) und (73) dasselbe ist, ($B + L$) vorzugeben brauchte. Dann müßte man jedoch noch eine weitere Differentialgleichung zum System (C) hinzufügen, nämlich die Wärmeleitungsgleichung für $z < 0$. Die Lösung des so erweiterten Systems dürfte in mathematischer Hinsicht noch komplizierter werden. Wir haben uns deshalb zunächst mit der Vorgabe von L zufriedengegeben.

2. *zur Ableitung der Beziehung* (25):

Zur Herleitung der Beziehung (25) multiplizieren wir zunächst (18) mit $P = D_t + k$ und (15) mit D_x, — und zwar von links, da diese Größen Operatoren darstellen und nicht mit den abhängigen Variablen ψ ($\psi = \tau, \pi, \sigma, u, v, w$) vertauschbar sind; die Vertauschbarkeit der Differentialoperatoren untereinander ist in unserem Falle natürlich gewährleistet, da die Störungsgrößen ψ und die benötigten partiellen Ableitungen im betrachteten Bereich ($-\infty < x < +\infty$, $-\infty < y < +\infty$, $0 < z < +\infty$, $-\infty < t < +\infty$) sicher als stetig vorausgesetzt werden können. — Durch Subtraktion erhalten wir

(74) $$P D_t \sigma + (f D_x + P D_y) v - g H D_x^2 \pi + \left(D_z - \frac{1}{H}\right) P w = 0 .$$

Wir multiplizieren nun (18) mit f und ziehen das Produkt von (16) mit D_x davon ab:

(75) $$f D_t \sigma + (f D_y - P D_x) v - g H D_x D_y \pi + \left(D_z - \frac{1}{H}\right) f w = 0 .$$

Elimination von v aus (74) und (75) ergibt

(76) $$D_x \left[-(P^2 + f^2) D_t \sigma - (P^2 + f^2)\left(D_z - \frac{1}{H}\right) w + g H P (D_x^2 + D_y^2) \pi \right] = 0 .$$

Diese Beziehung gilt sicher auch noch, falls

(77) $$-(P^2 + f^2) D_t \sigma - (P^2 + f^2)\left(D_z - \frac{1}{H}\right) w + g H P (D_x^2 + D_y^2) \pi = 0 .$$

Wir haben also D_x „gekürzt".

Durch Summation von (17) und (19) folgt:

(78) $$(1 - H D_z) \pi = \sigma .$$

Aus (20) ergibt sich, indem wir τ mit Hilfe von (17) durch die Ableitung von π nach z ersetzen:

(79) $$-H\left(\frac{H}{R} \overset{*}{P} D_z - D_t\right) \pi = w . \qquad (\overset{*}{P} = c_p (D_t - \varkappa D_z^2))$$

Durch Einsetzen von (79) und (78) in (77) finden wir

(80) $$\Big[-(P^2 + f^2) D_t (1 - H D_z) + (P_2 + f^2)\left(D_z - \frac{1}{H}\right) \frac{H^2}{R} \overset{*}{P} D_z - (P^2 + f^2)\left(D_z - \frac{1}{H}\right) H D_t + g H P (D_x^2 + D_y^2) \Big] \pi = 0 .$$

Wegen der Vertauschbarkeit der Operatoren unter sich heben sich das erste und dritte Glied gegenseitig weg. Durch Multiplikation mit R/H erhält man schließlich die Beziehung (25), hier speziell angewandt auf die Störungsgröße π. — Die oben vorgenommene „Kürzung" ist tatsächlich belanglos. Bei der Herleitung von (25) aus der Determinante D können, wie man der Determinante sofort ansieht, keine dritten Ableitungen nach x (D_x^3) auftreten, so daß dann auch gar keine solche Kürzung vorgenommen zu werden braucht.

3. *zur Frage der Existenz von Lösungen:*

Im Abschnitt VIII wurde darauf hingewiesen, daß unser Problem nur dann gelöst werden kann, wenn das zugeordnete charakteristische Polynom (27) genau zwei Wurzeln mit negativem Realteil besitzt. Daß es genau zwei solche Wurzeln gibt, mußte für die Ableitung der Ergebnisse in den Abschnitten VIII und IX vorausgesetzt werden. Es läßt sich nun mit Hilfe eines von *S. Benjaminowitsch* ([55], Beweis in [56]) entwickelten Verfahrens eine Bedingung angeben, die erfüllt sein muß, wenn das Polynom (27) gerade zwei solche Wurzeln besitzen soll.

Schreiben wir das Polynom (27) in der Form

(81) $$\zeta^4 - a \zeta^3 - i b \zeta^2 + i a b \zeta + c + i d = 0$$

mit

(82) $$a = \frac{1}{H}, \quad b = \frac{s}{\varkappa}, \quad c + i d = \frac{\alpha}{\varkappa H}, \qquad (a, b, c, d = \text{reell})$$

$$c = \frac{R g (\xi^2 + \eta^2)}{\varkappa c_p H} \; \frac{k (s^2 + k^2 + f^2)}{(-s^2 + k^2 + f^2)^2 + 4 (s k)^2},$$

$$d = \frac{R g (\xi^2 + \eta^2)}{\varkappa c_p H} \; \frac{s (-s^2 - k^2 + f^2)}{(-s^2 + k^2 + f^2)^2 + 4 (s k)^2}$$

(a, b, c sind also stets nicht-negativ, d kann beide Vorzeichen haben), so finden wir als gesuchte Bedingung (s. [46], Abschnitt 2. 5. 2):

(83) $$\boxed{[c^3 a^4 + c^2 b (b^3 + a^4 b + 4 a^2 d) + c b^2 d (2 d - a^2 b) + d (a^2 b + d)^3 + a^2 b^5 d] > 0}$$

Man kann außerdem noch zeigen:

a) *Wenn* $[(a^2 b + d)^2 + b^2(b^2 - c)] > 0$ oder $2d > a^2 b$ *und außerdem* $d > 0$ *gilt, dann ist die Bedingung* (83) *stets erfüllt;* und

b) *Wenn* $s = 0$ (*Stationarität*) *und* $k \neq 0$ *gilt, dann ist die Bedingung* (83) *ebenfalls stets erfüllt.*

Zu denselben Ergebnissen gelangt man auch bei Verwendung eines von *Cohn* (s. z. B. [57] S. 187 bis 189) angegebenen Verfahrens.

Herrn Prof. Dr. *H. Ertel* bin ich für die Anregung zu diesen Betrachtungen und für wertvolle Hinweise zu Dank verpflichtet.

Literatur:

[1] *Philipps, H.*, Ein Beitrag zur Theorie der zonalen Zirkulation. Met. Z. *54* (1937), 444—450.
[2] *Bjerknes, V.*, Das Problem der Wettervorhersage betrachtet vom Standpunkte der Mechanik und Physik. Met. Z. *21* (1904), 1—7.
[3] *Hollmann, G.*, Beitrag zu einer Theorie der Entstehung ortsfester Druckgebilde (I). Z. f. Met. *5* (1951), 258—267.
[4] *Hollmann, G.*, Beitrag zur Zyklonentheorie. Met. Rdsch. *6* (1953), 41—45.
[5] *Philipps, H.*, Die Hauptprobleme der theoretischen Meteorologie. Naturwiss. *27* (1939), 427—432, 442—450.
[6] *Ertel, H.*, Das Problem der Wettervorhersage vom Standpunkt der theoretischen Meteorologie. Z. f. Met. *2* (1948), 97—105.
[7] *Stümke, H.*, Rotationssymmetrische Gleichgewichtsstörungen in einer isothermen Atmosphäre. Z. f. Geophys. *16* (1940), 127—149.
[8] *Stümke, H.*, Rationelle Behandlung der Konvektion bei der angenäherten Berechnung der Wetterentwicklung. Met. Rdsch. *5* (1952), 45—47.
[9] *Stümke, H.*, Zustandsänderungen durch großräumige Wärmezufuhr im Innern einer anfänglich ruhenden Atmosphäre. Met. Rdsch. *5* (1952), 1—7.
[10] *Stümke, H.*, Zur Berechnung der Drucktendenz bei Wärmezufuhr innerhalb einer isothermen Atmosphäre von konstanter Grundgeschwindigkeit. Z. angew. Math. Mech. *32* (1952), 68—75.
[11] *Görtler, H.*, Neuere Beiträge zur Dynamik atmosphärischer und ozeanischer Strömungen. Naturwiss. *29* (1941), 473—479.
[12] *Defant, F.*, Theorie der Land- und Seewinde. Arch. Met. Geophys. Bioklimat. Ser. A, *2* (1950), 404—425.
[13] *Defant, F.*, Das mittlere meridionale Temperaturprofil in der Troposphäre als Effekt von vertikalen und horizontalen Austauschvorgängen und Kondensationswärme. Arch. Met. Geophys. Bioklimat. Ser. A, *2* (1950), 184—206.
[14] *Defant, F.*, Kondensationswärme und Strahlungsbilanz in einem mittleren Meridionalschnitt der Troposphäre. Arch. Met. Geophys. Bioklimat. Ser. A, *3* (1951), 268—289.
[15] *Griesseier, H.*, Durch periodische Wärmezufuhr bzw. Wärmeentziehung bedingte Zustandsänderung in einer anfänglich unbewegten isothermen Atmosphäre. Z. f. Met. *6* (1952), 309—316.
[16] *Griesseier, H.*, Durch periodische Temperaturschwankungen bedingte Strömungen in einer anfänglich unbewegten, isothermen Atmosphäre. Z. f. Met. *8* (1954), 42—51.
[17] *Hinkelmann, K.*, Der atmosphärische Mechanismus bei der Entstehung der täglichen Druckwelle. Met. Rdsch. *5* (1952), 41—45.
[18] *Hollmann, G.*, Theorie isobarer Bewegungen. Z. f. Met. *4* (1950), 130—136.
[19] *Hollmann, G.*, Eine Überführung des ersten Wärmehauptsatzes in die hydrodynamischen Gleichungen. Z. f. Met. *4* (1950), 222—227.
[20] *Hollmann, G.*, Zur Dynamik stationärer atmosphärischer Druckfelder. Abhandl. des Met. Dienst. d. DDR Nr. 12 (1952).
[21] *Flohn, H.*, Neuere Erkenntnisse über die Monsunzirkulation. Met. Rdsch. *3* (1950), 176.
[22] *Flohn, H.*, Studien zur allgemeinen Zirkulation der Atmosphäre. Berichte d. Deutsch. Wetterdienstes i. d. US-Zone Nr. 18 (1950).
[23] *Chromow, S. P.*, Der Monsun als geographische Realität [russ.]. Iswestija Wsessojusn. Geograf. Obstsch. (Nachr. d. Geogr. Ges. d. Sowjetunion) (1950), 225—246; Deutsche Übersetzung *G. Seger*, Sowjetwissenschaft, Naturwiss. Abt. *1950*, Nr. 4, 39—62.
[24] *Heyer, E.*, Über den Monsun. Z. f. Met. *6* (1952), 38—40.
[25] *Raethjen, P.*, Dynamik der Zyklonen. Leipzig 1953.
[26] *Meyer, H. K.*, Flug durch einen Kaltlufttropfen über See. Met. Rdsch. *3* (1950), 108—111.
[27] *Meyer, H. K.*, Aufbau und Bewegung eines Kaltlufttropfens in Nordrußland. Met. Rdsch. *2* (1949), 208—217.
[28] *Meyer, H. K.*, Der Einfluß des vertikalen Impulsaustausches auf synoptische Druck- und Temperaturgebilde. Berichte des Deutschen Wetterdienstes (Bad Kissingen 1953), Nr. 2.
[29] *Namias, J.*, The great Pacific anticyclone of winter 1949/50: A case study in the evolution of climatic anomalies. J. Met. *8* (1951), 251—261.
[30] *Scherhag, R.*, Neue Methoden der Wetteranalyse und Wetterprognose. Berlin, Göttingen, Heidelberg 1948.
[31] *Margules, M.*, Über die Schwingungen periodisch erwärmter Luft. Sitz.-Berichte Akad. Wissensch. Wien, Math.-nat. Classe, Bd. 99 Abt. IIa (1890), 204—222.
[32] *Margules, M.*, Luftbewegungen in einer rotierenden Sphäroidschale bei zonaler Druckverteilung. Dsgl. Bd. 101, Abt. IIa (1892), 597—626.
[33] *Margules, M.*, Luftbewegungen in einer rotierenden Sphäroidschale II. Teil. Dsgl. Bd. 102 Abt. IIa (1893), 11—56; III. Teil. Dsgl. 1369—1420.
[34] *Koschmieder, H.*, Dynamische Meteorologie. 3. Aufl. Leipzig 1951.
[35] *Ertel, H.*, Der Turbulenz-Wärmestrom in der Atmosphäre und das Entropieprinzip. Met. Z. *60* (1943), 246.
[36] *Ertel, H.*, Der vertikale Turbulenz-Wärmestrom in der Atmosphäre. Met. Z. *59* (1942), 250—253.
[37] *Ertel, H.*, Statistische Theorie des vertikalen Turbulenz-Wärmestroms. Met. Z. *61* (1944), 14—18.
[38] *Ertel, H.*, Zur statistischen Theorie des vertikalen Turbulenz-Wärmestroms. Met. Z. *61* (1944), 207—209.
[39] *Ertel, H.*, Über die Richtung des troposphärischen Turbulenz-Wärmestroms. Met. Z. *61* (1944), 8—11.
[40] *Schmitz, H. P.*, Eine Erweiterung der bisherigen Theorien des vertikalen Turbulenzwärmestroms. Z. f. Met. *1* (1947), 422—430.

[41] *Schmidt, W.*, Wird die Atmosphäre durch Konvektion von der Erdoberfläche her erwärmt? Met. Z. *38* (1921), 262—268.
[42] *Prandtl, L.*, Zur Frage des vertikalen Turbulenz-Wärmestroms. Met. Z. *61* (1944), 12—14.
[43] *Prandtl, L.*, Nochmals der vertikale Turbulenz-Wärmestrom. Met. Z. *61* (1944), 169—170.
[44] *Bjerknes, V.*, *Bjerknes, J.*, *Solberg, H.*, *Bergeron, T.*, Physikalische Hydrodynamik. Berlin 1933.
[45] *Kamke, E.*, Differentialgleichungen, Lösungsmethoden und Lösungen, Bd. 1. Gewöhnliche Differentialgleichungen. 4. Aufl. Leipzig 1951.
[46] *Böhme, W.*, Über thermisch bedingte Zirkulationsmechanismen in einer im Grundzustand ruhenden, isothermen Atmosphäre und Anwendung der Ergebnisse auf Zirkulationen mit jährlicher Periode (monsunale Zirkulationen). Diplomarbeit (1953) (unveröffentlicht). Inst. f. Met. u. Geophys. d. Humboldt-Univers. Berlin.
[47] *Doetsch, G.*, Tabellen zur *Laplace*-Transformation und Anleitung zum Gebrauch. Berlin, Göttingen 1947.
[48] *Wagner, K. W.*, Operatorenrechnung und *Laplace*sche Transformation. 2. Aufl. Leipzig 1950.
[49] *Ertel, H.*, Elemente der Operatorenrechnung mit geophysikalischen Anwendungen. Berlin 1940.
[50] *Schmidt, W.*, Der Massenaustausch in freier Luft und verwandte Erscheinungen. Hamburg 1925.
[51] *James, R. W.*, Heat diffusion from a plane, periodic source. Geofis. pura e appl. *22* (1952), 174—188.
[52] *Berljand, O. S.*, Präzise Theorie des täglichen Ganges der Lufttemperatur unter Berücksichtigung des täglichen Ganges der turbulenten Wärmeleitfähigkeit [russ.]. Iswestija Akad. Nauk SSSR *14* (1950), 70—81.
[53] *Albrecht, F.*, Untersuchungen über den Wärmehaushalt der Erdoberfläche in verschiedenen Klimagebieten. Reichsamt f. Wetterd. Wissensch. Abh. Bd. 8, Nr. 2 (1940).
[54] *Hann (J. v.)* — *Süring (R.)*, Lehrbuch der Meteorologie, 5. Aufl. Leipzig 1939 bis 1951.
[55] *Benjaminowitsch, S.*, Über die Anzahl der Wurzeln einer algebraischen Gleichung in einer Halbebene und auf ihrem Rande. Lotos *82* (1934), 1—3; Referat v. *N. Tschebotaröw*, Zentralblatt f. Mathematik u. ihre Grenzgeb. *10* (1935), 387.
[56] *Benjaminowitsch, S.*, (Titel wie [55]). Monatshefte f. Math. u. Physik *42* (1935), 279—308; Referat v. *N. Tschebotaröw*, desgl. *13* (1936), 145.
[57] *Bieberbach (L.)* — *Bauer (G.)*, Vorlesungen über Algebra. 5. Aufl. Leipzig, Berlin 1933.
[58] *Balkema, F.*, An investigation on some aspects of the effect of land and sea breezes. K. Ned. Meteor. Inst. Meded. Verh. Ser. B, Deel II, No. 13 (1950).
[59] *Sutcliffe, R. C.*, Mean upper contour patterns of the northern hemisphere — the thermal-synoptic view-point. Quart. J. Roy. Met. Soc. *77* (1951), 435—440.
[60] *Bolin, B.*, On the influence of the earth's orography on the general character of the westerlies. Tellus *2* (1950), 184—195.
[61] *Flohn, H.*, Hochgebirge und allgemeine Zirkulation. Arch. Met. Geophys. Bioklimat. Ser. A, *5* (1953), 265—279.

Anschrift: Dipl.-Met. W. Böhme, Inst. f. Meteorologie u. Geophysik d. Humboldt-Universität Berlin, Berlin-Friedrichshagen, Müggelseedamm 256.

551.584.3(434.7)

Beispiel einer kleinklimatologischen Geländeuntersuchung

Von **Siegfried Uhlig**

Mit 7 Abbildungen

In das vom Wetterdienst bereits eingehend studierte Makroklima ist — um mit den Worten *Knochs* [1] zu sprechen — ein Mikroklima eingebettet, das von jenem zwar gesteuert wird, aber durchaus eigene markante Merkmale aufweist. Die möglichen Abweichungen dieses Mikroklimas oder — wie wir es nennen wollen — dieses Kleinklimas vom Makroklima hat *Geiger* [2] zusammenfassend betrachtet; sie sind so bedeutend, daß ihre Beachtung für die angewandte Klimatologie eine zwingende Notwendigkeit darstellt. So werden laufend Gutachten über die klimatische Eignung bestimmter Geländelagen, welche für die Anlage neuer Obstgärten, für den Bau von Heilstätten, für die Errichtung von Kur- und Badeanlagen usw. vorgeschlagen wurden, vom Wetterdienst verfaßt, denen eine örtliche Geländebeurteilung zugrunde liegt. Dies erscheint aber heute nicht mehr als ausreichend. Vielmehr ist es notwendig, eine kleinklimatologische Geländeaufnahme durchzuführen, welche das Ziel hat, für das ganze Land in geeigneten Karten, z. B. in den Vergrößerungen der Meßtischblätter (1:10000), diejenigen Klimazüge herauszuarbeiten, die durch die wechselnden Geländeformen bedingt sind [3]. Hierzu wird man in den nächsten Jahren eine einheitliche Methode der Geländebeurteilung ausarbeiten müssen, die es möglich macht, alle nach ihr durchgeführten geländeklimatologischen Kartierungen schließlich zu einer einzigen Karte zu vereinen.

Für die Schaffung einer solchen einheitlichen Methode existiert schon heute eine gute Grundlage; denn man führte bereits an zahlreichen Stellen kleinklimatologische Aufnahmen begrenzter Landschaftsräume durch, teils mit instrumentellen, teils auch mit visuellen Methoden. Man denke etwa an die Kartierung frostgefährdeter Zonen im Odenwald [4] und in der Baar [5], an die Bewertung der Strahlungsverhältnisse in den Weinbergen des Rheingaues [6], an die Studien zum Sonderklima der unteren Schwarzwaldtäler [7], an die Geländeaufnahme in Quickborn/Holstein [8] oder an die Geländekartierung der südlichen Bergstraße [9]. Diesen Bausteinen des jüngsten Zweiges der angewandten Klimatologie soll mit dem vorliegenden Bericht aus der praktischen Arbeit der Abteilung „Agrarmeteorologie" des Deutschen Wetterdienstes in Bad Kissingen ein weiterer hinzugefügt werden.

Den bisherigen kleinklimatologischen Geländeaufnahmen lag meist die Frage nach der Frostgefährdung eines bestimmten Gebietes zugrunde. Vor dem gleichen Problem stand auch die Gemeinde Stachenhausen im Landkreis Künzelsau (Nordwürttemberg). Dieser Ort befindet sich im Sindelbachtal am Westrand der Hohenloher Ebene, nahe der Wasserscheide zwischen Kocher und Jagst. Die einzelnen Teile der Gemarkung liegen in Höhen zwischen 366 und 428 m N.N. Die gesamte Gemarkung wird im Rahmen der Flurbereinigung neu aufgeteilt werden. Dabei soll eine große, geschlossene Gemeinde-Obstanlage angepflanzt werden, die dann nicht mehr von den Besitzern der Bäume, sondern von einem Baumwart unterhalten und gepflegt werden wird. Für diese Anlage hatten die Bauern von Stachenhausen ein Gelände am sogenannten Oberen Bachbronnen und zwei weitere Parzellen zur Auswahl gestellt, deren Eignung vom Standpunkt des Klimatologen aus beurteilt werden sollte.

Es war nötig, diese drei in Frage kommenden Geländestücke im Gesamtrahmen der Gemarkung Stachenhausen zu betrachten, d. h. eine Art Geländeaufnahme durchzuführen, obwohl es sich eigentlich um eine örtliche Geländebeurteilung handelte. An diese Geländeaufnahme wurde sowohl instrumentell als auch visuell herangegangen; die zweite Methode soll zuerst besprochen werden.

Visuelle Geländebeurteilung

Die in der Literatur aufgeführten Arbeiten — vor allem jene von *Schnelle* [4] — enthalten zum Teil wertvolle Schilderungen visueller Arbeitsmethoden, zu denen u. a. die Beobachtung von Talnebeln und die Beachtung der Oberflächengestalt eines Talabschnitts (Talerweiterungen, Talverengungen, Talkrümmungen usw.) gehören. Auch die Beobachtung des Entwicklungsstandes der Vegetation [10] oder von Leitpflanzen sowie etwa die Kartierung von Frostschäden an Pflanzen [11] sind wertvolle Hilfsmittel bei der visuellen Arbeit des Geländeklimatologen.

Zur Anwendung dieser letzten Methoden gehört aber eine Vorschulung des Bearbeiters, die es ihm ermöglicht, ein gefaßtes vorläufiges Urteil nach mehreren Seiten hin zu prüfen, ehe es endgültig gefällt wird. So muß man beispielsweise bei der Beobachtung von Frostschäden zum Festlegen der Frostobergrenze in einem Tal beachten, welche Frostgrade die betrachtete Testpflanze noch verträgt, ohne Schaden zu nehmen. Außerdem ist zu bedenken, daß die Pflanzenteile für gewöhnlich im nassen Zustand eher erfrieren als im trockenen. Schließlich muß noch bedacht werden, daß die Obergrenze der Frostschadenzone nicht immer mit jener der Frostzone zusammenfällt, da sich die Blattoberflächen bei starker Ausstrahlung bis zu 3° C tiefer abkühlen als die Luft in gleicher Höhe, wenn eine Luftbewegung fehlt. Bei ausreichender Ventilation beträgt die Differenz höchstens 1° C.

Aber nicht nur die Pflanzenbeobachtung verlangt eine Schulung, sondern das kleinklimatologische Arbeiten überhaupt! Man muß „klimatologisch sehen" lernen (*Knoch*). Trotzdem kann man durch einen Ausbau der Methodik die Möglichkeit schaffen, daß auch Laien als Hilfskräfte herangezogen werden können. Bei den instrumentellen Methoden ist es nötig, Richtlinien auszuarbeiten, die sich bis auf die einfachsten Handgriffe erstrecken, und bei der visuellen Arbeitsweise kann man in straffen Beobachtungschemata ein Hilfsmittel für weniger geschulte Mitarbeiter schaffen.

In weit stärkerem Maße als die instrumentellen Methoden unterliegen natürlich die visuellen der Gefahr, daß die Ergebnisse verschiedener Bearbeiter stark subjektiv gefärbt und damit schwer miteinander vergleichbar sind. Aber auch in ein und demselben Beobachter geht während einer Geländeaufnahme eine Wandlung vor: Mit fortschreitender Kenntnis einer Landschaft beurteilt er deren einzelne Flächen verschieden, und man kann immer damit rechnen, daß eine zu Beginn der Aufnahme beurteilte Parzelle am Ende der Aufnahme ein anderes Prädikat bekommt, wenn nur nach Gefühl „gearbeitet" wird. Analog zu bestimmten Beobachtungsmethoden im synoptischen bzw. klimatologischen Dienst muß man also auch in der Geländeklimatologie zu einem etwas starren Beurteilungsschema kommen, das ein objektiveres Arbeiten ermöglicht. Da in der Meteorologie „alles schon einmal da war", fand sich für die hier geschilderte Untersuchung auch ein Hinweis auf eine ausbaufähige Methode, und zwar in dem von *Schüepp* [12] in der Schweiz zur Bestimmung gleicher Frostgefährdung verschiedener Geländeteile des Davoser Tales angewandten Punktwertungsverfahren. Diese für Alpentäler entwickelte Methode ließ sich für die Geländeaufnahme in der Gemarkung Stachenhausen nicht einfach übernehmen; aber in der abgewandelten und erweiterten Form, in der sie hier abgedruckt ist, leistete sie wertvolle Dienste.

Man will mit dieser Methode vier Frostgefahrenzonen festlegen, die noch einmal in zwei bzw. drei Gefahrenstufen unterteilt sind. Ein bestimmter Geländepunkt wird dann in diese Zonen eingeordnet, indem man ihm nach bestimmten Kriterien Punkte gibt, die man am Schluß der Betrachtung summiert. Die Kriterien wurden in fünf Haupttabellen (Gruppe A—E) festgelegt, die nachstehend abgedruckt werden.

Punktsystem für die Bestimmung frostgefährdeter Zonen

[Jeder mit großen Buchstaben bezeichneten Gruppe wird nur *ein* Punktwert entnommen, ausgenommen Gruppe E, wo aus jeder Untergruppe (a—f) ein Punktwert entnommen werden *kann*. Die einzelnen Punktwerte der Untergruppen werden entsprechend ihren Vorzeichen zu einem Gruppenwert E addiert.]

A. Charakteristikum des Geländes

a) Ebene 7
b) Mulde in der Ebene 10
c) Freie Kuppe in der Ebene mit Gefälle ringsum 2
d) Welliges Gelände I Wellenberg 2
Welliges Gelände II Hang (obere Hälfte) 4
Welliges Gelände III Hang (untere Hälfte) 7
Welliges Gelände IV Wellental 9

e) Mittel- und Hochgebirge

I. Gipfelregion 0

II. Haupt- und Nebental (bei unterschiedlicher Länge und Neigung)
1. Kurzes Tal mit starkem Gefälle 0
2. Kurzes Tal mit mäßigem Gefälle 1
3. Kurzes Tal mit schwachem Gefälle 3
4. Kurzes Tal ohne Gefälle 5
5. Langes Tal mit starkem Gefälle 0
6. Langes Tal mit mäßigem Gefälle 2
7. Langes Tal mit schwachem Gefälle 5
8. Langes Tal ohne Gefälle 8
9. Tal ohne Ausgang 10

III. Hangmulde, welche ins Tal mündet (bei unterschiedlicher Länge u. Neigung)
1. Kurze Hangmulde mit starkem Gefälle 0
2. Kurze Hangmulde mit mäßigem Gefälle 1
3. Kurze Hangmulde mit schwachem Gefälle 2
4. Kurze Hangmulde ohne Gefälle 4
5. Lange Hangmulde mit starkem Gefälle 0
6. Lange Hangmulde mit mäßigem Gefälle 2
7. Lange Hangmulde mit schwachem Gefälle 4
8. Lange Hangmulde ohne Gefälle 7
9. Hangmulde ohne Abflußmöglichkeit für die Kaltluft 10

B. Nähere Beschreibung des Standorts

Für die unter Aa—Ad genannten Geländelagen wird der dort verliehene Punktwert hier wieder angenommen. Für Ae gilt:

I. Gipfelregion 0

II. Lage des Standorts zum Tal
Talsohle 6
Hanglage mit starkem Gefälle ober- und unterhalb des Standorts . . . 0
Hanglage mit mäßigem Gefälle ober- und unterhalb des Standorts . . 2
Hanglage mit mäßigem Gefälle ober- oder unterhalb des Standorts . . 4
Hanglage mit schwachem Gefälle ober- und unterhalb des Standorts . 5
Hanglage mit Mulde wenig ober- oder unterhalb des Standorts 6
Inneres einer Mulde (ohne Abfluß) an einem mäßig geneigten Hang . 8

III. Lage eines Standorts zur Hangmulde

1. *Auslaufendes Ende der Hangmulde* (Einzugsgebiet)
Starkes Gefälle unterhalb des Standorts 0
Mäßiges Gefälle unterhalb des Standorts 1
Schwaches Gefälle unterhalb des Standorts 2
Muldensohle 3

2. *Übrige Hangmulde*
Starkes Gefälle unterhalb des Standorts 0
Mäßiges Gefälle unterhalb des Standorts 2
Schwaches Gefälle unterhalb des Standorts 4
Muldensohle 3

Bemerkung: Starkes Gefälle darf nur gesetzt werden, wenn sich dieses über eine Strecke von mindestens 30 m erstreckt.

C. Relative Höhe des Standorts

a) Ebene 3
b) Mulde in der Ebene 7
c) Freie Kuppe in der Ebene
0— 5 m über Ebene 3
5—10 m über Ebene 2
10—15 m über Ebene 1
über 15 m über Ebene 0

d) Welliges Gelände

0— 2 m über Sohle des Wellentales 8
2—10 m über Sohle des Wellentales 7
10—20 m über Sohle des Wellentales 4
20—30 m über Sohle des Wellentales 1
30—50 m über Sohle des Wellentales 0

Ist der Unterschied zwischen Wellenberg und Wellental größer als 50 m, so gehört das Gelände für unser Punktsystem bereits zum Mittelgebirge.

e) Relative Höhe des Standorts über der Talsohle (bei Hangmulden über der Sohle des Haupt- bzw. Nebentales).

Die Punktbewertung ist abhängig von Länge und Neigung der Talsohle gemäß den Ziffern 1—9 der Tabellen Ae II und Ae III.

1. *Mittelgebirge*

Höhe in m	9	3, 4, 7, 8	2, 6	1, 5
0— 10	8	8	6	5
10— 20	5	5	4	3
20— 30	4	4	2	2
30— 50	3	3	1	1
50— 75	2	2	1	0
75—100	2	2	0	0
100—200	1	1	0	1
200—300	0	0	1	2
über 300	0	1	3	4

2. *Hochgebirge*

Höhe in m	9	3, 4, 7, 8	2, 6	1, 5
0— 10	8	8	6	5
10— 20	6	6	5	4
20— 40	5	5	4	3
40— 70	3	3	2	1
70—100	2	2	1	0
100—200	1	1	0	1
200—300	0	0	1	2
300—400	0	1	3	4
über 400	0	3	5	6

D. Oberflächenbeschaffenheit in der Umgebung des Standorts

1. Umgebung nur Wiese und Ackerland 6

2. Umgebung Wiese und Ackerland; aber lockeres Hindernis (baumbestandene Querchaussee, Obstanlage, Büsche, einzelne Gebäude usw.)
bis 250 m oberhalb des Standorts 3
bis 250 m seitlich des Standorts 5
bis 250 m unterhalb des Standorts 8

3. Ausgedehntes Gebüsch, Wald, Häusergruppe und andere dichte Hindernisse
oberhalb des Standorts 5
seitlich des Standorts 7
unterhalb des Standorts 8

4. Allseitig ausgedehntes Gebüsch oder Wald oder Häuser (ohne größere freie, kaltluftproduzierende Flächen in der Umgebung) 2

E. Lokaleffekte und weitere Charakteristika

Die Summe der Punktwerte aus den Untergruppen (a—f) wird entsprechend ihrem Vorzeichen als Gruppenwert E von der Summe der Gruppen A—D abgezogen oder zu ihr hinzugezählt.

a) Bei Anbau in Terrassen
oberhalb der Stufe . . . . −3
im Stufenwinkel . . . . +3
in Feldmitte 0
Acker zwischen hochwüchsigem Wiesenland . . . . +2

b) Sehr enges Tal . . . . +3
Sehr breites Tal (oberhalb 10 m relativer Höhe zu beachten) . . . . . −3

c) Gipfelregion . . . . −5
Oberhalb einer Talterrasse (Talerweiterung) . . . . −4
Bergrücken unterhalb der Gipfelregion . . . . −4

d) Staustufe der Kaltluft im Haupt- oder Nebental unterhalb des Standorts (Talverengung, Ortschaft, Wald), je nach Grad der Verengung (auch im Tal, in das eine untersuchte Hangmulde einmündet) . . . . +3 bis +5

e) Seenähe im Sommer und Herbst 0
Seenähe im Frühjahr . . . . +5
Flußnähe . . . . +3

f) Neigung des Tales oder der Hangmulde in der Nachbarschaft des Standorts
steiler als im Mittel . . . . −2
flacher als im Mittel . . . . +2

Abb. 1. Schema einer Hangmulde (oben) und eines Tales (unten).

Summentabelle

	Frostgefahrenzonen									
	I		II		III			IV		
	Frostschäden sehr selten		Frostschäden selten, in einem Menschenalter 2—3 mal		Frostschäden im Jahrzehnt höchstens 1—2 mal			Frostschäden häufig		
Gefahrenstufen	0	1	2	3	4	5	6	7	8	9
Punktsumme . .	unter 10	10—11	12—13	14—15	16—17	18—19	20—21	22—23	24—28	29—35

Die Tabellen bedürfen noch einiger Erläuterungen:

Als welliges Gelände würde man etwa die Holsteinische Schweiz bezeichnen.

Den Unterschied zwischen einem Tal und einer Hangmulde macht die Abb. 1 klar, die im oberen Teil eine den Verhältnissen am Bachbronnen bei Stachenhausen ähnliche Skizze zeigt. Das Charakteristische ist die sofort in die Höhe gehende Sohle der Hangmulde, während das Nebental nur schwach gegen das Haupttal geneigt ist. Die Prädikate „starkes Gefälle", „mäßiges Gefälle" usw. sind noch zu sehr subjektive Größen und müssen später durch Zahlenangaben ersetzt werden. Jeder Klimatologe, der im Gelände arbeitet, hat ja eine Karte mit Höhenschichtlinien bei sich, der er das Gefälle eines Tales (und die relative Höhe eines Standortes über der Talsohle) entnehmen kann.

Das Prädikat für das Gefälle muß sich auf das ganze Tal bzw. auf die ganze Hangmulde beziehen; die auf kürzere Strecken zu beobachtende schwächere oder stärkere Neigung wird nach Gruppe E berücksichtigt.

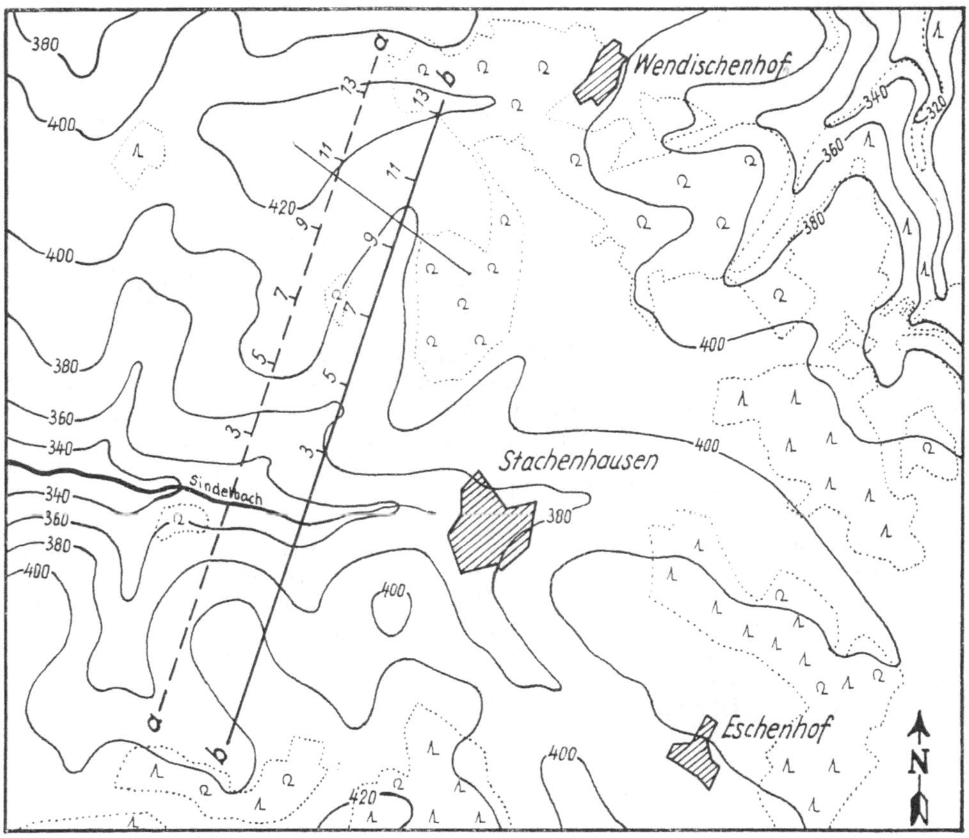

Abb. 2. Lageplan Stachenhausen mit 2 Geländeschnitten (Oberes Einzugsgebiet des Sindelbachtales). Maßstab 1: 25000.

Ob man in bestimmten Fällen das Gefälle unterhalb eines Standortes auf das Tal oder die darin einmündende Hangmulde bezieht, hängt davon ab, nach welcher Vertiefung hin das Gelände am stärksten abfällt.

Bei der Einstufung der verschiedenen Standortshöhen in Tabelle C wurde darauf Rücksicht genommen, daß im Hochgebirge im allgemeinen mehr kaltluftproduzierende Flächen zur Verfügung stehen, so daß der „Kältesee" im Tal höher steigen dürfte. Bei der Zusammenstellung der Tabellen rechnete man natürlich mit den stärksten Strahlungsnächten. Je nach dem Grad der Abkühlung und der Form der untersuchten Täler wird man ja eine ganz unterschiedliche Höhe der Kälteseen erwarten müssen. *Aichele* stellte z. B. in der Baar Kaltluftschichten von 6—8 m Dicke fest, *Manig* solche von 20 m Dicke. Bei *Schnelle* reicht die Kaltluft in tief eingeschnittenen Tälern bis zu 60 m Höhe, was man aber durchaus noch nicht als Maximalwert anzusehen braucht.

In Gruppe D 3 wird ausgedehntes Gebüsch, Wald usw. in seiner Stellung zum Standort berücksichtigt, während unter Ed nur Wald aufzuführen ist, der den Kaltluftabfluß im Haupttal bzw. Nebental verhindert. In manchen Fällen wird auf diese Weise allerdings ein und derselbe Wald doppelt berücksichtigt werden, was dann aber auch seiner tatsächlichen Wirkung entspricht.

Die Arbeitsweise des Punktwertverfahrens soll nun am Beispiel von Stachenhausen näher erläutert werden. Abb. 2 zeigt das Gelände, das zweimal geschnitten wurde (Linien a—a und b—b). Die Linie b—b führt direkt in einer Hangmulde, dem sogenannten Bachbronnen, hoch, während die Linie a—a über einen vorgeschobenen Bergrücken läuft und dann ebenfalls die „Obere Höhe" (420 m N.N.) erreicht. Für je 13 Punkte auf diesen Schnitten wurde nun das Punktwertverfahren angewandt, und es zeigten sich folgende Zahlenwerte:

Beurteilung der Landschaft nach dem Punktwertverfahren auf zwei Schnitten durch das rechtsseitige Gelände des Sindelbachtales.

	Gruppe	Standorte												
		I	II	III	IV	V	VI	VII	VIII	IX	X	XI	XII	XIII
Schnitt b—b	A	2	2	2	2	2	2	2	2	2	2	2	2	0
	B	6	4	5	3	3	3	3	3	3	3	1	1	0
	C	6	4	2	2	2	1	1	1	1	1	1	1	1
	D	8	8	8	6	6	3	8	8	8	8	6	6	6
	E	+5	+5	+5	+5	+5	+5	+5	+7	+7	+7	+3	+3	0
	Summe	27	23	22	18	18	14	19	21	21	21	13	13	7
Schnitt a—a	A	2	2	2	2	2	2	2	2	2	2	0	0	0
	B	6	5	4	0	2	2	2	2	2	1	0	0	0
	C	6	6	4	1	1	1	1	1	1	1	1	1	1
	D	8	8	8	6	6	6	6	6	6	6	6	6	6
	E	+5	+5	+5	+5	+1	+1	+1	+1	+1	+1	0	−2	−2
	Summe	27	26	23	14	12	12	12	12	12	11	7	5	5

Als Beispiel sei der Standort I, der für beide Schnitte gleich zu beurteilen ist, besprochen:

Da das Sindelbachtal lang ist und ein mäßiges Gefälle aufweist, erhält man aus Gruppe A 2 Punkte. Für die Talsohle geben uns die Gruppen B und C je 6 weitere Punkte. Ausgedehntes Gebüsch unterhalb des Standorts wird in Gruppe D mit 8 Punkten berücksichtigt und die Talabsperrung durch hochreichende Baumgruppen mit weiteren 5 Punkten. Die Summe von 27 Punkten ordnet den Standort in die Gefahrenzone IV mit häufigen Frostschäden ein.

Als weiteres Beispiel sei der Standort VIII (b—b) besprochen:

Gruppe A entnimmt man bei III 6 (lange Hangmulde mit mäßigem Gefälle) den Punktwert 2. Aus Gruppe B ergibt sich für die Muldensohle ein Punktwert 3. Bei einer relativen Höhe von 40 m über dem Haupttal liefert uns die Gruppe C 1 Punkt. Wegen der unterhalb des Standorts VIII vorbeilaufenden Querchaussee entnehmen wir der Gruppe D 8 Punkte. Gruppe Ed liefert +5 Punkte für die Staustufe und Ef +2 Punkte, weil die Hangmulde bei Standort VIII fast kein Gefälle aufweist. Für E erhalten wir somit insgesamt +7 Punkte. Mit einer Summe von 21 Punkten fällt der Standort VIII dann in die Frostgefahrenzone III.

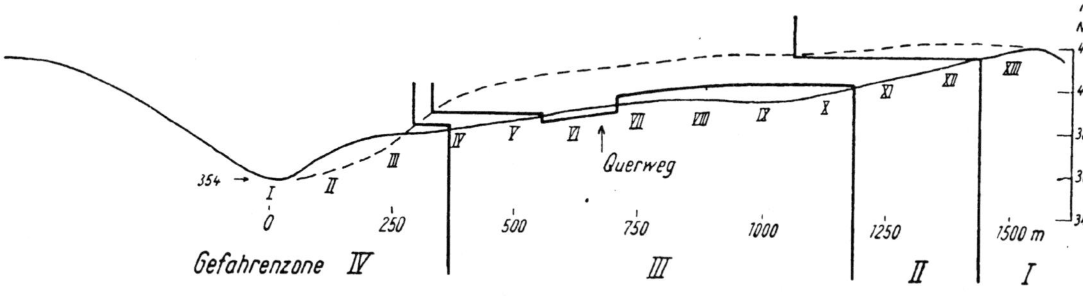

Abb. 3. Geländeschnitte b—b (——) und a—a (- - -) im Gebiet des Bachbronnens sowie Lage der Frost-Gefahrenzonen I bis IV.

Abb. 3 zeigt uns die Lage der Frostgefahrenzonen nach dem Tabellenergebnis für die beiden Schnitte. Die beiden Zonen, in denen man mindestens 1—2mal in 10 Jahren mit Frost rechnen muß, enden kurz unterhalb der Talerweiterung. Das war natürlich zu erwarten, denn wenn das Tal plötzlich viel breiter wird, dann kann sich die Kaltluft horizontal ausbreiten, und die Obergrenze des Kältesees wird sich nunmehr auch bei Frostverschärfung kaum noch heben können. In der Hangmulde herrschen besondere Verhältnisse. Hier bildet sich die frostgefährdete Zone III noch einmal in einem Abschnitt aus, der erstens kaum noch ein Gefälle aufweist und außerdem durch eine die Hangmulde quer durchziehende Chaussee abgeriegelt wird. Es wird weiter unten an Hand von Temperaturmessungen noch gezeigt werden, daß der locker mit Obstbäumen bestandene Straßendamm tatsächlich eine Staustufe für die Kaltluft darstellt. Im Bereich der Gefahrenzonen I und II oberhalb der Talerweiterung und in der Gipfelregion (Obere Höhe) ist nicht mit Strahlungsfrost zu rechnen. Für Windfröste (Advektivfröste) ist die eben getroffene Zoneneinteilung (und überhaupt jede Frostlagen-Kartierung) natürlich gegenstandslos; aber diese Windfröste treten ja im Frühjahr weit weniger in Erscheinung als die Strahlungsfröste, weshalb es nicht so schwer wiegt, daß wir sie unberücksichtigt lassen müssen.

Schon auf Grund dieser visuellen Beurteilung hinsichtlich des Frostes wäre das Gelände am Oberen Bachbronnen als günstig zu bezeichnen gewesen. Es kam noch hinzu, daß man auch hinsichtlich anderer meteorologischer Elemente ein positives Urteil über diese Lage fällen konnte. Einerseits ist hier nach allen Seiten hin ein Schutz gegen direkte Windschäden vorhanden; auch eine den Obstertrag mindernde Wirkung des Windes ist nicht zu befürchten, da dieser in jedem Falle gebremst auf den Obstgarten auftrifft. Andererseits ist dieser Standort aber stets noch hinreichend ventiliert, was im Hinblick auf die Gefährdung durch den Frost und die Pflanzenkrankheiten von Bedeutung ist. Der Schorf verlangt beispielsweise häufig hohe Luftfeuchte, um sich entwickeln zu können. Diese Bedingung wird aber in gut ventilierten Lagen seltener erfüllt sein als im Windschatten.

Instrumentelle Geländebeurteilung

Eine instrumentelle Untersuchung der lokalklimatischen Verhältnisse kann man für kleinere Gebiete mit Sondernetzen durchführen, indem man beispielsweise in einem Talzug eine Anzahl Minimumthermometer auslegt. Hierbei ist die Frage der Aufstellung von Bedeutung. Man möchte das Klima der bodennahen Luftschicht erfassen und wird deshalb bestrebt sein, Messungen in etwa 20 cm Höhe anzustellen. Dafür sind kleine Gestelle nötig, die man bei einem länger dauernden Versuch fest aufstellen wird, wie man das z. B. in England mit den sogenannten mounts tut. Diese mounts sind Holzbretter, die auf einem Pfahl aufgenagelt sind und die Thermometer tragen. Für den Geländeklimatologen muß man aber andere Thermometerhalter konstruieren, die leicht transportabel sind.

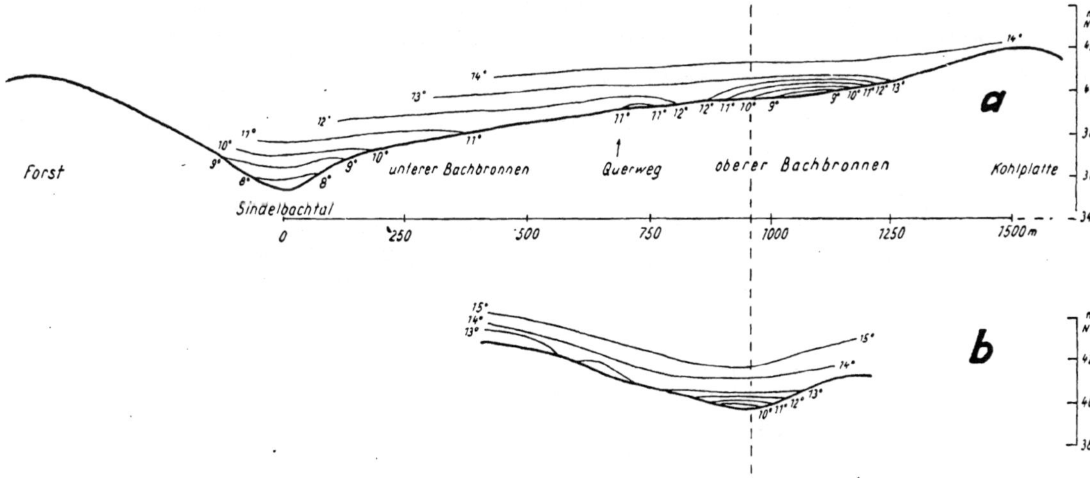

Abb. 4. Temperaturschichtung im Bachbronnen (Minimumtemperaturen 20./21. Mai 1953). a) Längsschnitt durch den Bachbronnen, b) Querschnitt durch den Oberen Bachbronnen.

Man könnte an eine Art Klappstühle denken, die aus Leichtmetall herzustellen und mit Wachstuch zu bespannen wären. Davon könnte dann der Geländeklimatologe, der mitunter allein in ein bestimmtes Arbeitsgebiet reisen wird, 20 oder 30 Stück mitnehmen. Mit stabilerem Gerät ist das nicht durchführbar, und man muß dann die Minimumthermometer zur Not auf den Boden legen. Um hier den unmittelbaren Einfluß des Bodens auszuschalten, kann man Tücher von etwa 60×60 cm^2 Größe aus Wachstuch oder anderem feuchteundurchlässigen Material als Unterlage benutzen. Bei der Untersuchung in Stachenhausen wurde in Ermangelung anderen Materials geteerte Pappe als Unterlage verwandt. Das Ergebnis einer solchen Messung zeigt die Abb. 4.

Obwohl in der für die Untersuchung herangezogenen Strahlungsnacht vom 20. zum 21. Mai die Temperatur wegen eines hohen Wasserdampfgehalts der Atmosphäre und der damit verbundenen Gegenstrahlung nicht tief absank, wurden die relativen Unterschiede der Minimumtemperaturen doch gut sichtbar. Die Isothermen beziehen sich auf den Schnitt b—b in Abb. 2 und den darauf fast senkrecht stehenden Schnitt quer durch den Oberen Bachbronnen. Das Ergebnis bestätigt die Aussagen der Abb. 3: Die tiefsten Temperaturen findet man im Sindelbachtal. Nach höheren Lagen hin wird es nachts allgemein wärmer. Dabei liegen aber die isothermen Flächen nicht waagerecht — wie ein Wasserspiegel —, sondern sie steigen mit dem Gelände etwas an. Besonderheiten sind der kleine Kaltlufttropfen am Querweg und der kräftigere am Oberen Bachbronnen. Bei der Beurteilung der Frostgefährdung einer Lage muß auf kleine lokale Besonderheiten Rücksicht genommen werden. So wirkt der Querweg als Staustufe für die Kaltluft, trotz der weiten Abstände der einzelnen Bäume voneinander. Aber Kaltluft ist kein Wasser und unterliegt daher beim Fließen auch anderen Gesetzen.

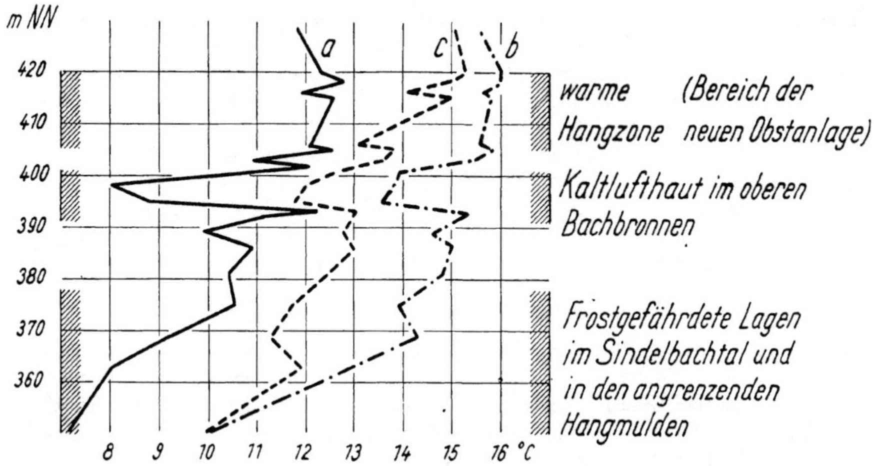

Abb. 5. Temperaturschichtung vor Sonnenaufgang im Bachbronnen (den Seehöhen zugeordnet). a) Minimumtemperatur (Mittel aus den Messungen am 21. und 22. Mai). b) Meßgang mit dem Aspirationspsychrometer am 21. Mai, bezogen auf 5.00 Uhr. c) Meßgang mit dem Aspirationspsychrometer am 22. Mai, bezogen auf 4.50 Uhr.

Den besonderen Verhältnissen oberhalb dieses Querwegs trug schon das Punktwertverfahren Rechnung. Dort (Abb. 3) kam aber die Zweiteilung der Kaltlufthaut nicht zum Ausdruck, während hier die instrumentellen Messungen die Ursachen ihrer Entstehung in eben dieser Zweiteilung aufzeigen, den Stau am Querweg und das Stagnieren über dem kaum geneigten Wiesengrund am Oberen Bachbronnen.

Der Temperaturanstieg vom Wiesenboden aus in die Höhe kann natürlich schneller gehen, als es in der Zeichnung dargestellt wurde, aber immer muß man hier mit dem Vorhandensein einer flachen Kaltlufthaut rechnen. Flach bleibt diese Kaltlufthaut vor allem deshalb, weil es an großen, waldfreien Flächen in der Nachbarschaft mangelt, die Kaltluft produzieren könnten.

Neben den Messungen in kleinen Sondernetzen hat man noch die Möglichkeit, Geländelagen, deren visuelle Beurteilung schwerfällt, durch Stichprobenmessungen abzutasten. Auch hierbei empfiehlt es sich, überall die gleichen Handgriffe anzuwenden. Man trägt das *Assmann*sche Aspirationspsychrometer, das sich für diese Zwecke am besten eignet, waagerecht vor sich her, und zwar etwa in 1 m Höhe. Dabei läuft der Aspirator. Abgelesen wird alle vier Minuten, und anschließend befeuchtet man die Musselinhülle und zieht den Aspirator wieder auf. So wurde jedenfalls bei den Messungen im Bachbronnen verfahren, deren Ergebnisse die Abb. 5 in Abhängigkeit von der Seehöhe darstellt. Eine Basisstation, an der ein Thermohygrograph in einer Behelfshütte aus Obstkisten stand, ermöglichte die Korrektur der Werte, die alle auf den gleichen Zeitpunkt bezogen werden mußten.

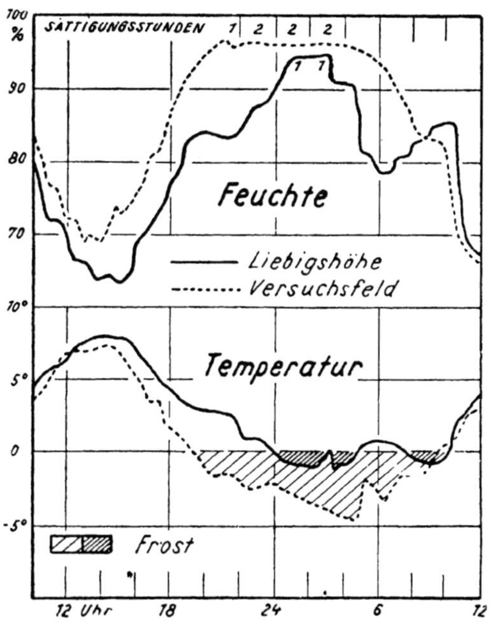

Abb. 6. Der Gang der Lufttemperatur und -feuchte am 7./8. Dez. 1948 in Gießen.

Die Minimumtemperaturen und auch die Psychrometerwerte zeigten nun — wie zu erwarten war — ganz ähnliche Verhältnisse (Abb. 5). Es prägten sich wieder die kalten, frostgefährdeten Lagen im Sindelbachtal und den angrenzenden Hangmulden aus. Etwa in 380 m Höhe ging im Bereich der Talterrasse die allgemeine Temperaturzunahme mit der Höhe anscheinend in eine Isothermie über, die sich aber bei diesen Einzelmessungen nicht gut ausprägte. Es ist aber anzunehmen, daß eine Serie weiterer Messungen dieses Ergebnis und damit die Feststellungen *Schnelles* [4] bestätigen würde, daß in der Höhenlage einer Talterrasse meist eine Isothermie angetroffen wird und daß die Obergrenzen der Frostgefahrenzonen natürlich unterhalb dieser Isothermien liegen müssen. — Die Kaltlufthaut im Oberen Bachbronnen zeichnet sich deutlich ab. Dann aber beginnt oberhalb von 400 m N.N. die warme Hangzone, in welche die neue Obstanlage der Gemeinde Stachenhausen zu liegen kommen wird. Auf der Oberen Höhe ist es wieder kälter.

Mit den Stichprobenmessungen der Temperatur sind auch Messungen der Luftfeuchte verbunden. Sie ergaben bei der Stachenhausener Untersuchung außer der erwarteten Feuchtezunahme nach tieferen Geländelagen hin nichts Besonderes. Hierzu ist aber zu sagen, daß uns bei Luftfeuchtemessungen mehr die Andauer einer hohen Luftfeuchte in einer Lage interessiert als die Verteilung und daß deshalb in vielen Fällen Registrierungen wertvoller sind. Im Tal steigt abends die Luftfeuchte rascher an als auf der Höhe und erreicht schon bald den Zustand des Sättigungsgleichgewichts im Sinne von *Linke* [13], in dem sie bis zum Morgen verharrt. Ein Beispiel für diesen Sachverhalt — das hier abschließend mit aufgeführt sei — zeigt uns Abb. 6 für die beiden Gießener Stationen „Versuchsfeld" (Tal) und Liebigshöhe (30 m höher gelegen). Durch Auszählen der von der horizontal verlaufenden Registrierkurve überstrichenen Zeitintervalle (s. Abb. 6) erhält man die Zahl der Sättigungsstunden, die — über einen längeren Zeitraum summiert — die Feuchtebegünstigung eines Tales eindrucksvoll demonstrieren. Beispielsweise ergab diese *Linke*sche Methode im Oktober 1948 *250* Sättigungsstunden für das Versuchsfeld gegenüber nur *188* für die Liebigshöhe in Gießen. Eine Häufigkeitsauszählung der Stundenwerte des Hygrographen in den Monaten Mai und November 1948 führte zu den Ergebnissen der Abb. 7. In den beiden untersuchten Monaten zeigte sich eine höhere Zahl von Stunden mit einer Luftfeuchte nahe dem Sättigungspunkt für das Versuchsfeld (schraffierte Flächen); im November 1948 war die Verteilung sogar einseitig asymmetrisch, während bei den drei anderen Häufigkeitspolygonen der Scheitelwert zwischen 90 und 95% lag. Im Mai überstiegen auf der Liebigshöhe 40% der Stundenwerte die Grenze von 80% relativer Feuchte, auf dem Versuchsfeld hingegen 52%; im November stehen 81% auf der Liebigshöhe 84% auf dem Versuchsfeld gegenüber. — In Schottland hat *Grainger* die Zahl der Sättigungsstunden als Maß für die Luftfeuchteverhältnisse eines Standortes bei pflanzenpathologischen Untersuchungen bereits mit Erfolg verwendet.

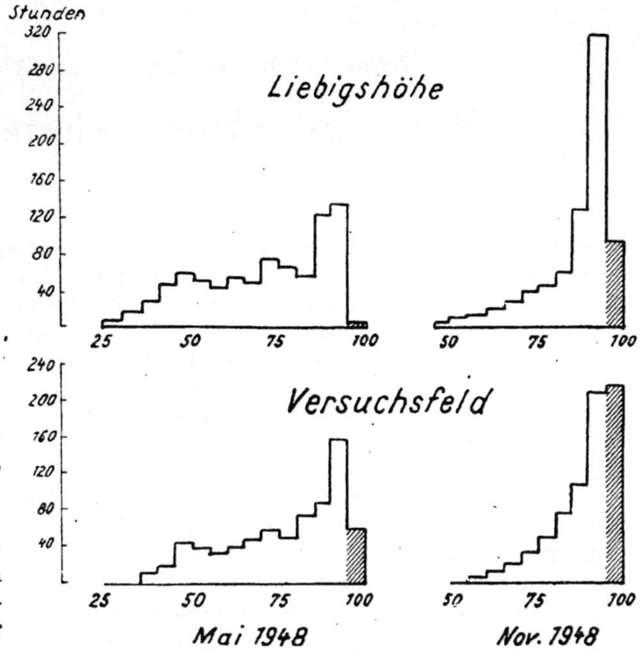

Abb. 7. Häufigkeitsverteilung der relativen Luftfeuchte in Gießen. (Auf dem Versuchsfeld im Lahntal werden Feuchtewerte von 95—100% häufiger erreicht als auf der Liebigshöhe.)

Literatur:

[1] *Knoch, K.*, Die Geländeklimatologie, ein wichtiger Zweig der angewandten Klimatologie. Berichte z. dt. Landeskde. *7* (1949), H. 1.
[2] *Geiger, R.*, Das Klima der bodennahen Luftschicht. Braunschweig 1942.
[3] *Knoch, K.*, Weltklimatologie und Heimatklimakunde. Met. Z. *59* (1942), 245.
[4] *Schnelle, F.*, Kleinklimatische Geländeaufnahme am Beispiel der Frostschäden im Obstbau. Ber. d. Deutschen Wetterdienstes in der US-Zone, Nr. 12 (1950).
[5] *Aichele, H.*, Kleinklimatische Froststudien in der Baar. Archiv der Wiss. Gesellschaft f. Land- u. Forstwirtschaft, Freiburg *2* (1950).
[6] *Weger, N.*, Die vorläufigen Ergebnisse der bei Geisenheim begonnenen kleinklimatischen Geländeaufnahme — Met. Rdsch. *1* (1948), 422.
[7] *Leßmann, H.*, Ein Beitrag zum Sonderklima der unteren Schwarzwaldtäler. Abhandl. Bad. Landeswetterdienst *1951/52*, 129.
[8] *Eimern, J. van*, Kleinklimatische Geländeaufnahme in Quickborn/Holstein. Ann. Met. *4* (1951), 259.
[9] *Kreutz, W.*, *Schubach, K.*, Lokalklimatische Geländekartierung der südlichen Bergstraße unter besonderer Berücksichtigung der Gemarkung Heidelberg. Mitt. Dt. Wetterdienst US-Zone Nr. 13 (1953).
[10] *Uhlig, S.*, Die Phänologie als Hilfsmittel bei der kleinklimatologischen Geländeaufnahme — Ber. Dt. Wetterdienst US-Zone, Nr. 42 (1952), 238.
[11] *Manig, M.*, Nachweis von Kaltluft durch erfrorene Dahlien — Biokl. Beibl. *6* (1939), 22.
[12] *Schüepp, W.*, Frostverteilung und Kartoffelanbau in den Alpen auf Grund von Untersuchungen in der Landschaft Davos. Schriften des Phys. Met. Obs. Davos, 1947.
[13] *Linke, F.*, Die Zahl der Sättigungsstunden — ein neues bioklimatisches Element. Biokl. Beibl. *10* (1943), 70.

Anschrift: Dr. S. Uhlig, Bad Kissingen, Theresienstr. 5b.

551.555.4

Bemerkungen zu dem Aufsatz von H. Garisch:

„Zur vertikalen Windgeschwindigkeit bei Bora“

Von **K. W. Grober**

Garisch schildert in seinem Aufsatz [1] das Erlebnis eines Borasturmes auf See. Er stellt die Behauptung auf, daß die *vertikale* Windgeschwindigkeit 11 Beaufort-Grade betragen haben muß. Da er keinerlei Angaben über seine Meßmethoden macht, dürfte wohl die Annahme von *Prügel* [2] richtig sein, daß es sich um die Windgeschwindigkeit überhaupt handelt, die anscheinend auch nur geschätzt ist und damit den bekannten subjektiven Einflüssen unterliegt. Es soll damit allerdings keinesfalls bezweifelt werden, daß die Bora mit Windstärke 11 wehen kann. So gibt z. B. *Mazelle* [3] als höchste bei Bora beobachtete Windstärke 31,1 m/s am 4. 3. 1883 11 Uhr an. Dagegen ist die maximale Windgeschwindigkeit im Juli 1944, also in dem Zeitraum, in dem *Garisch* seine Beobachtung gemacht hat, in Triest 9,5 m/s [4].

Weiterhin behauptet *Garisch*, daß die vertikale Windgeschwindigkeit bei dieser Bora weit über der von mir [5] in Šibenik mit durchschnittlich 5,3 m/s festgestellten gelegen haben muß. Hierzu ist folgendes richtigzustellen:

Ich habe in meinem Aufsatz mit keinem Worte von vertikaler Windgeschwindigkeit gesprochen. Da ich die Werte aus Visierung von Radiosonden und aus Peilungen gewonnen habe bzw. am Boden mit Schalenkreuzanemometer, handelt es sich ausschließlich um die Horizontalkomponente des Windes. Die angegebenen 5,3 m/s sind ein Durchschnittswert für Bora*wetterlagen* vom Einsetzen bis zum Abklingen der Bora. Daß dieser Wert noch stark durch Bodenreibung, die bei dem Relief der dalmatinischen Küste erheblich ist, beeinflußt ist, geht schon daraus hervor, daß die durchschnittliche Windgeschwindigkeit in 300 m Höhe mit 8,8 m/s angegeben werden konnte. Da ich in meiner Arbeit nur Mittelwerte mitgeteilt habe, seien hier noch einige Extremwerte veröffentlicht. Am Boden habe ich bei Bora, abgesehen von kurzen Böen, 9 m/s als höchste Werte gemessen, dagegen wurden am 3. 10. 1944 2.45 Uhr MEZ in 300 m Höhe 18 m/s festgestellt. Bei Scirocco hingegen, der vom Meer her ohne wesentlichen Reibungsverlust in Šibenik wehen kann, liegen nicht nur die Durchschnittswerte höher, sondern auch die Extreme. So wurden am 7. 5. 1944 22.15 Uhr am Boden 12 und in 300 m Höhe 20 m/s gemessen, um 6 Uhr des gleichen Tages sogar 14 m/s am Boden.

An dem von *Garisch* angegebenen Termin (1. 7. 44) herrschte in Šibenik um 23 Uhr ein leichter Nordwind mit 1,7 m/s am Boden, lediglich in 300 m Höhe wurden Windgeschwindigkeiten von 6 bis 7 m/s gemessen. Auch in den nächsten Tagen setzte sich die Bora nicht bis zum Boden durch. Wir haben hier ein interessantes Beispiel dafür, wie die Bora lokal eng begrenzt ist.

Literatur:

[1] *Garisch, H.*, Zur vertikalen Windgeschwindigkeit bei Bora. Z. f. Met. *8* (1953), S. 248.

[2] *Prügel, H.*, Bemerkungen zu vorstehendem Bericht (von Garisch). Z. f. Met. *8* (1953), S. 249.

[3] *Mazelle, E.*, Untersuchungen über den täglichen und jährlichen Gang der Windgeschwindigkeiten zu Triest. Sitz. Ber. d. Akad. d. Wiss. Math.-Natw. Kl. Wien Bd. 100, Abtl. IIa, H. 10. S. 1363.

[4] *Polli, S.*, 100 anni di osservazioni meteorologiche eseguite a Trieste 1841—1940, Parte IV: La velocità del vento. Pubbl. n. 234 Istituto Talassografico Trieste 1949.

[5] *Grober, K. W.*, Aerologische Beobachtungen über Bora und Scirocco in Šibenik an der dalmatinischen Küste. Z. f. Met. *2* (1948), S. 145.

Anschrift: Karl Wilhelm Grober, Radiosonden-Aufstiegstelle Greifswald, Am St.-Georgs-Feld 30.

550.384.4:551.594

Erdmagnetische Baystörungen und ihr heterogener im Erdinnern induzierter Anteil

Vorläufige Mitteilung

Von H. Wiese

(Mitteilung Nr. 33 aus dem Geomagnetischen Institut und Observatorium Potsdam-Niemegk)

Mit 3 Abbildungen

Zusammenfassung: Eine Baystörung kann als Feld eines wandernden Dipols in der Polarlichtzone gedeutet werden. Die Wanderungsrichtung ist eindeutig tageszeitabhängig. Durch den örtlich unterschiedlich induzierten Anteil im Erdinnern wird in Mitteleuropa auf engem Raum eine „dynamische" Anomalie der Vertikalkomponente mit einem nördlichen Maximum und einem südlichen Minimum bei einem nach Süden gerichteten Ionosphärenstrom hervorgerufen. Bei entgegengesetzter Stromrichtung kehren sich die Verhältnisse um.

I. Das Stromsystem der Ionosphäre bei Baystörungen

Durch viele statistische Untersuchungen [z. B. 1, 2, 3, 4, 5] ist die Häufigkeit der Bays während des Tages und Jahres, ihre 24stündige und 27tägige Wiederholungsneigung eindeutig geklärt. Weniger zahlreich sind synoptische Betrachtungen. Die oft verwendeten Stundenmittel zur Darstellung einer individuellen Störung sind nicht zu empfehlen. Eine Baystörung kann innerhalb einer Stunde entstanden und verschwunden sein. Nur eine synoptische Darstellung von Momentanwerten gibt einen Einblick in die einzelnen Phasen einer Störung. Die bereits 1899 von *Ad. Schmidt* [6] gefundenen wandernden Wirbel, die Ausdruck schnell verlaufender Störungsvorgänge sind, fanden leider keine weitere Bearbeitung. Nach *Fukushima* [7] entspricht das Stromsystem von Bays in mittleren Breiten dem Stromsystem eines ost-westlich gerichteten elektrischen Dipols in der Polarlichtzone (Abb. 1).

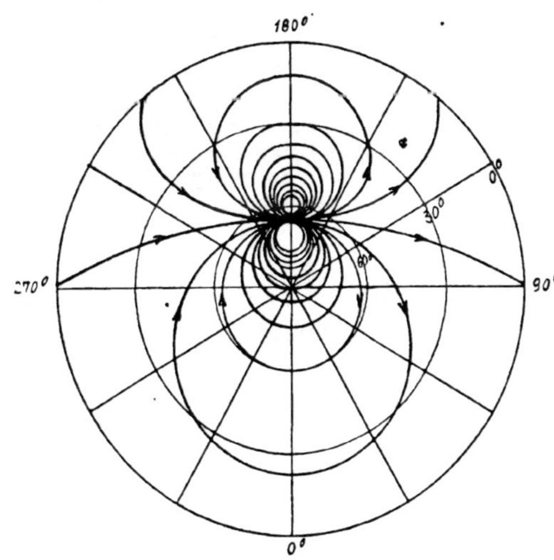

Abb. 1. Stromlinien eines in der Polarlichtzone liegenden elektrischen Dipols.

Überlagerungen vieler Dipole zu ungefähr gleicher Zeit kommen vor. Das dichte Netz der europäischen Observatorien ist für eine nähere Untersuchung sehr geeignet. Registrierungen von fünf unterschiedlichen Bays wurden für 20 europäische Observatorien ausgewertet. Als Ausgangswert für die Störung wurde der ruhige Verlauf der Registrierung vor- und hinterher benutzt. Die Momentanwerte der horizontalen Störvektoren wurden von 10 zu 10 Minuten gezeichnet und synoptisch in Karten dargestellt, daneben wurden Karten der Vertikalkomponente für die gleichen Zeiten entworfen. In allen Karten tritt immer wieder der Charakter des in Abb. 1 wiedergegebenen Feldes zutage. Von Fall zu Fall stärker oder schwächer ist aber diesem Feld das Feld von S_D (zusätzlicher täglicher Gang an gestörten Tagen) überlagert [8], das sich immer während der Störung ausbildet. Es entstehen also ganz bestimmte Ionisationszentren bzw. Störungsherde in der Polarlichtzone, ja man könnte eine Ortung der Korpuskeleinbrüche versuchen.

Der Ablauf einer Baystörung ist keine einfache Zu- oder Abnahme der Intensität des Feldes, sondern das Feld bzw. der Dipol wandert. Nimmt man die geomagnetische Breite des Dipols (= Polarlichtzone) als konstant an, so kann man aus den Werten eines einzigen Observatoriums seine Stärke und geomagnetische Länge festlegen, also praktisch das Feld im europäischen Raum bestimmen. 50 analysierte Störungen zeigen eine eindeutige Wanderungsrichtung von West nach Ost zwischen 0.30 und 11 Uhr Ortszeit und von Ost nach West zwischen 12 und 23.30 Uhr. Diese Wanderung des Feldes ist identisch mit der bekannten zeitlichen Drehung des Störvektors individueller Baystörungen am festen Ort im Uhrzeigersinn zwischen 0 bis 12 Uhr und von 12 bis 24 Uhr im Gegenuhrzeigersinn [1, 7]. Auch der schon lange von *Sangster* [9] festgestellte zeitliche Drehsinn des Störvektors während mäßiger Stürme zeigt die gleiche Erscheinung. Nach Ansicht vieler Autoren sind zumindest die mäßigen Stürme aus lauter Baystörungen zusammengesetzt. So stehen sowohl Schmidtsche Wirbel als auch die Sangsterschen Untersuchungen mit dem elementaren Feldmodell eines wandernden Dipols im Einklang. Die Erklärung der Wanderungsrichtung der Stromfelder von Baystörungen zum Mittagsmeridian hin dürfte durch die Arbeit von *Ashour* und *Price* [10] möglich sein, wenn man eine gewisse Bindung der Störungsherde an die Polarlichtzone annimmt.

II. Der im Erdinnern induzierte Anteil der Baystörungen

Der regelmäßigen räumlichen Anordnung der horizontalen Störvektoren steht ein sehr heterogenes Bild der vertikalen Störungswerte gegenüber (Abb. 2 und 3).

Da bekanntlich der aus dem Erdinnern kommende Störungsanteil durch Induktion des äußeren Feldes zustande kommt, ist dieses Bild nur durch Leitfähigkeitsunterschiede in der Erde zu erklären [11]. Das muß sich besonders in der Vertikalkomponente auswirken, denn bei einem sich verstärkenden Feld wird der horizontale Vektor durch die induzierten Ströme vergrößert. Bei der Vertikalkomponente dagegen ist der induzierte Anteil dem äußeren entgegengerichtet. Der induzierte Anteil setzt sich wiederum aus einem regelmäßigen Teil, bei Annahme einer gleichmäßigen Leitfähigkeitsverteilung in der Erde, und einem unregelmäßigen zusammen, der durch Leitfähigkeitsunterschiede zustande kommt. In Abb. 2 ist ein negatives Z-Störungsgebiet in NE des Kartenausschnittes vorhanden. Dieses wandert nach Westen und bedeckt gegen Ende der Störung einen großen Teil des Kartenausschnittes. Es hat im wesentlichen eine äußere Ursache und wandert wie der Störungsherd von E nach W. Interessant ist dagegen das Gebiet in Mitteleuropa, wo eine durch Leitfähigkeitsunterschiede der Erde bedingte ortsfeste Anomalie existiert. Ein starker räumlicher Gradient zwischen Niemegk (Ni) — Pruhonice (Pr) und Rude Skov (RS) — Wingst (Wn) beherrscht das Bild. Swider (Sw) bei Warschau hat ähnliche Störwerte wie RS, wenn auch kleiner. Im Westen zeigt bei allen untersuchten Störungen Fürstenfeldbruck (Fu) sehr kleine Z-Variationen. Auffallend sind auch die verhältnismäßig kleinen Z-Werte in Witeveen (Wi) im Gegensatz zu dem sehr nahe gelegenen Wn. Solange in der Ionosphäre ein von geomagnetisch Nord nach Süd fließender Strom zunimmt, werden im Raum Ni-Pr[1]) eine negative Anomalie, im Raume RS-Wn eine positive bestehen und sich verstärken. Es muß also in einiger Tiefe in Norddeutschland ein kräftiger induzierter Strom von Ost nach West

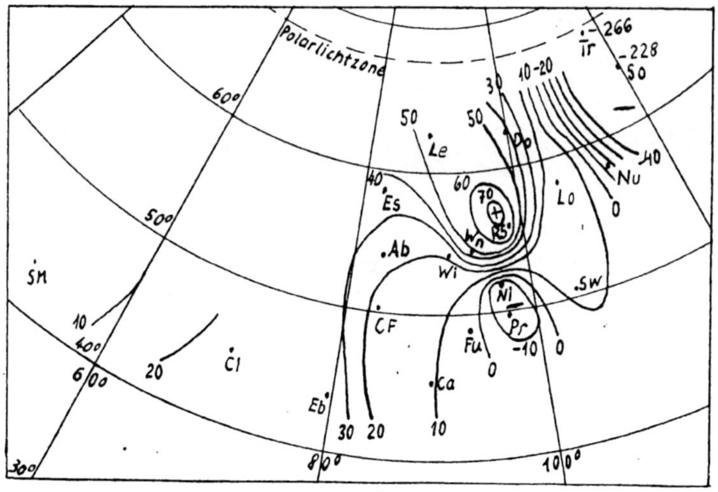

Abb. 2. Vertikalkomponente der Baystörung am 18. 10. 51, 17 Uhr MGZ. Isolinien von 10 zu 10 γ (in der Polarlichtzone nicht gezeichnet). Richtung des Ionosphärenstromes in Mitteleuropa von NNW nach SSE (geomagnetische Koordinaten).

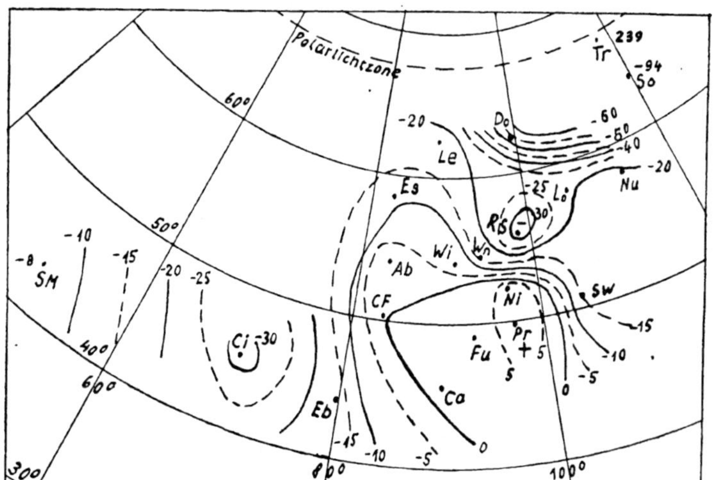

Abb. 3. Vertikalkomponente der Baystörung am 19. 5. 52, 4.20 Uhr MGZ. Isolinien von 5 zu 5 γ (in der Polarlichtzone nicht gezeichnet). Richtung des Ionosphärenstromes in Mitteleuropa von SSE nach NNW (geomagnetische Koordinaten).

[1]) Nach den Angaben von *Steiner* [1] muß auch das Observatorium Hurbanovo (O'Gy-alla) ähnliche Z-Variationen haben wie Ni-Pr.

fließen [12]. Verstärkt sich dagegen in der Ionosphäre ein von S nach N gerichteter Strom, so fließt ein induzierter Strom von W nach E (Abb. 3). Oft kehren auch im Laufe einer Störung beide ortsfesten räumlichen Extreme ihr Vorzeichen um, wenn der Stromverlauf in der Ionosphäre entsprechend ist. Der induzierte Strom hinkt allerdings immer nach.

Solche Unterschiede sind nicht nur bei Baystörungen zu beobachten, sondern auch bei Sturmausbrüchen (ssc), Sonneneruptionseffekten (sfe) usw. Bei ssc und sfe treten jedoch auch entgegengesetzte Ausschläge in Z, z. B. zwischen Paris und Kew [13] und zwischen Nord- und Süd-Großbritannien [14] auf, während dort bei Baystörungen keine nennenswerten Anomalien der Z-Störung zu bemerken sind. Das läßt sich dadurch deuten, daß bei großen induzierten elektromotorischen Kräften beachtenswerte Ströme auch in Schichten mit geringerer Leitfähigkeit fließen, also dann nur die Leitfähigkeitsunterschiede in diesen Schichten zu bemerken sind. Bis zu einem gewissen Grade entsteht dabei eine Abschirmung der tieferen Schichten. In Westeuropa existiert wahrscheinlich eine flache Schicht geringerer Tiefe mit erhöhter Leitfähigkeit, so daß zwar bei ssc und sfe, nicht aber bei Bays eine räumliche Anomalie des vertikalen Störvektors auftritt. In Norddeutschland wird dagegen eine wesentlich wirksamere und unter Umständen mächtige Zone erhöhter Leitfähigkeit bestehen, so daß bei allen Störungen mit Perioden von weniger als 1—2 Stunden sich eine Anomalie des Vertikalfeldes aufbaut, wie in Abb. 2, 3 gezeigt wurde. Der tagesperiodische Störungsgang (S_D) in Z zeigt dagegen außer dem durch Ionosphärenströme bedingten Breiteneffekt keine wesentlichen Unterschiede, da bei so langsamen Variationen der induzierte Strom in verhältnismäßig tiefen Erdschichten mit homogener elektrischer Leitfähigkeit fließt.

Die kurzperiodischen Schwankungen des Erdmagnetfeldes (Perioden: Sekunden bis wenige Minuten) werden wahrscheinlich einen ziemlich oberflächennahen Induktionsstrom hervorrufen, der durch die örtlich unterschiedliche Leitfähigkeit der oberen Erdkruste sehr variabel sein wird. Der Verfasser wird daher den Versuch unternehmen, die zeitlichen Gradienten des Erdmagnetfeldes, in denen fast allein die Elementarwellen in Erscheinung treten, zur geophysikalischen Mutung durch gleichzeitige Registrierung an dicht benachbarten Orten zu verwenden. Die obigen Überlegungen lassen erkennen, daß besonders die zeitlichen Gradienten der Vertikalintensität (Registrierung durch Induktionsspulen und Galvanometer) in Phase und Amplitude erfolgversprechend für die Mutung im Gelände zu sein scheinen.

Elementarwellen des natürlichen Erdstromes wurden schon erfolgreich zur Mutung benutzt [15]. Wie am Observatorium Niemegk festgestellt wurde, zeigen Elementarwellen des Erdstromes und zeitliche Gradienten des Erdmagnetfeldes eine sehr gute Übereinstimmung, allerdings mit einer gewissen Phasenverschiebung. Darüber wird von *H. Just* und dem Verfasser in Kürze berichtet werden.

Der Versuch müßte unternommen werden, auf Grund der unterschiedlichen erdmagnetischen Variationen verschiedener Periode und kartenmäßiger Darstellung des induzierten inneren Anteils der Variationen zu einer groben quantitativen Abschätzung der Leitfähigkeitsverhältnisse Mitteleuropas zu kommen.

In einer ausführlichen Arbeit werden die hier kurz geschilderten Ergebnisse an Hand eines umfangreichen Materials belegt werden. Der „anormal" induzierte innere Anteil der Störungen soll so gut wie möglich von dem äußeren Anteil und dem „normal" induzierten getrennt werden. Die Verwendung einer vorgegebenen Stromfunktion dürfte dabei weiterführen. Die Wanderung der äußeren Störungsherde soll mit Hilfe der Arbeit von *Ashour* und *Price* näher erörtert werden.

Herrn Professor Dr. *G. Fanselau* danke ich für die Diskussionen über die Trennung des Innen- u. Außenfeldes der Baystörungen. Den Herren Direktoren der Observatorien Tromsö, Sodankylä, Nurmijärvi, Dombas, Lovö, Swider, Rude Skov, Pruhonice, Fürstenfeldbruck, Wingst, Witeveen, Lerwick, Eskdalemuir, Abinger, Chambon la Forêt, Castellaccio, Ebro, Coimbra, San Miguel und Helwan danke ich für die Übersendung der ausgezeichneten Magnetogrammkopien.

Literatur:

[1] *Steiner, L.*, Terr. Mag. *26* (1921), 1.
[2] *Wiechert, E.*, Mitt. d. Geophys. Warte Groß-Raum Königsberg 1934.
[3] *Silsbee, H. C.*, u. *Vestine, E. H.*, Terr. Mag. *47* (1942), 195.
[4] *Wiese, H.*, Z. f. Met. *5* (1951), 341.
[5] *Just, H.*, Abhandl. d. Geophys. Inst. Potsdam Nr. 15, 1953.
[6] *Schmidt, Ad.*, Met. Z. *16* (1899), 385.
[7] *Fukushima, N.*, Journ. of the Fac. of Sci. Univ. of Tokyo, Sec. II Vol. VIII, Part V, 1953.
[8] *Wiese, H.*, Gerlands Beitr. z. Geophys. *1953*.
[9] *Sangster*, s. bei Chapman-Bartels Geomagnetism 1940, Oxford Clarendom Press, S. 314.
[10] *Ashour, A. A.*, u. *Price, A. T.*, Proc. of Roy. Soc. *195* A (1948), 198.
[11] *Burkhardt, K.*, Gerlands Beitr. z. Geophys., *63* (1953), 108.
[12] *Meyer, O.*, Deutsch. Hydr. Z. *4* (1951), 61.
[13] *Chapman-Bartels*, Geomagnetism, S. 296.
[14] *McIntosh*, Journ. of Atm. a. Terr. Phys., *1* (1951), Nr. 5/6.
[15] *Schlumberger, M.*, u. *Kuretz*, I. U. G. G. Ass. of Terr. Mag. a. Elec. Transactions of Oslo Meeting *1948*, S. 518.

Anschrift: Dr. H. Wiese, Niemegk, Erdmagnetisches Observatorium.

Zeitschr. für Meteorologie Bd. 8 H. 2/3 Febr./März 1954

621.317.444

Über eine Abänderung der Anordnung der Primärspulen im elektrodynamischen Theodoliten nach E. A. Johnson

(Mitteilung aus dem Geomagnetischen Institut und Observatorium Potsdam-Niemegk Nr. 32)

Von **O. Lucke**

Mit 2 Abbildungen

Zusammenfassung: Es wird vorgeschlagen, die Helmholtzbedingung für die Primärspulenanordnung des Magnetometers von *E. A. Johnson* dahin abzuändern, daß die beiden Wicklungen näher aneinandergelegt werden. Statt der bisher vorgesehenen Winkel

$$\alpha_1 = 59°28', \quad \alpha_3 = 67°55'$$

sind die folgenden:

$$\alpha_1' = 68°49', \quad \alpha_3' = 78°42'$$

vorzuziehen.

Daraus ergeben sich $l_3' \approx 6$ cm und $l_1' \approx 11{,}6$ cm. Die Größen sind in Tabelle 1 zu $l_3 \approx 12{,}2$ cm und $l_1 \approx 17{,}8$ cm angegeben.

Die Länge der Achse wird also auf $^2/_3$ verkürzt, was für die Bestimmung ihrer genauen Lage noch ausreichend erscheint. Ohne die Temperaturkonstanz zu gefährden, kann der Drahtdurchmesser von 0,9 auf 0,8 mm herabgesetzt werden. Es ist zu hoffen, daß dadurch das Wickeln und Kämmen der Primärspule erleichtert wird. Bei der neuen Anordnung ist die Ausgleichung der Vermessung der Spule leichter durchzuführen.

Die gegenseitige Induktivität zweier Spulen, wie sie beim elektrodynamischen Theodoliten von *E. A. Johnson* vorgesehen sind (Literaturangabe und genaue Darlegung s. den Bericht: Betrachtungen zum absol. elektrodynam. Theodol. nach *E. A. Johnson* zur Messung des geomagnetischen Feldes[1])), ergibt sich in der Hauptsache aus der folgenden Formel

$$L^*_{s_1 s_2} = 2(\mu_1 - \mu_3)\, n_1 F \frac{10^8}{f} \left\{ \mu - \frac{1}{(\mu_1 - \mu_3) R_4} \sum_{n=1}^{\infty} \frac{R_{2n+4}}{n+2} b_n C_{n+1}(\mu_2) P_{2n+1}(\mu) \right\}. \tag{1}$$

Mit den Bezeichnungen und Abkürzungen:

$L^*_{s_1 s_2}$ ist die gegenseitige Induktivität des Spulensystems, wenn man voraussetzt:

a) die Primärspule besteht aus zwei zylindrischen Flächen mit konstanter, tangential an die Kreisquerschnitte gerichteter Stromdichte;

b) die Sekundärspule besteht aus einem Hohlzylinder, dessen axialer Querschnitt ein Trapez darstellt mit einer entsprechend wie bei a) gearteten Stromdichteverteilung (s. Abb. 1).

$F = f \cdot 10^{-8} \pi^2 n_2 n_4 \mu_2 (1 - \mu_2^2)^{3/2} R_4$ mit $R_4 = r_2^4 - r_4^4$.

n_1 ist die Windungsdichte der einlagig gewickelten Primärspule.

Benutzt wird Elektrolytkupferdraht mit dem Durchmesser $d \approx 0{,}9$ mm. Die Forderungen an die Genauigkeit der Rundheit und Konstanz des Durchmessers betragen $\pm 1\,\mu = \pm 10^{-3}$ mm. Jede der beiden Primärspulen besteht aus 28 Windungen dieses Drahtes, deren Achsen nun je 1 mm voneinander entfernt sind. Die Mitte der beiden Wicklungen ist so festgelegt, daß ihr Abstand gleich dem Radius der Wicklungen ist (Spulenanordnung nach *Helmholtz-Gaugain*). Diese Anordnung hat zur Folge, daß das Feld im Mittelpunkt der Anordnung homogen bis auf Größen dritter Ordnung ist. Es wird sich bei der vorliegenden Untersuchung um die Frage handeln, ob diese Anordnung die günstigste ist.

n_2, n_4 sind die Windungsdichten der viellagig gewickelten Sekundärspule, n_2 die in axialer, n_4 die in radialer Richtung. $n_2 \cdot n_4$ ist die Flächendichte der Windungen in der Querschnittsfläche. Die Sekundärspule ist möglichst klein zu halten, die gegenseitige Induktivität aber möglichst groß zu machen. n_2 hat daher den Wert 170 Windungen/cm. Die Wicklungen bestehen aus lackiertem, unmagnetischem Kupferdraht.

f ist die Frequenz, mit der die Sekundärspule um eine Achse senkrecht zu den beiden Spulenachsen rotiert. Sie wird zu 9 Hz festgelegt. Die induzierte Spannung wird durch einen Verstärker sehr hoch verstärkt.

$$b_n = \frac{\mu_1 (1 - \mu_1^2)\, C_n(\mu_1)}{r_1^2} - \frac{\mu_3 (1 - \mu_3^2)\, C_n(\mu_3)}{r_3^{2n}}.$$

[1]) Der obengenannte Bericht wird voraussichtlich als Abhandlung Nr. 13 des Geophysikalischen Instituts Potsdam erscheinen.

$\mu_1 = \cos\alpha_1$, $\mu_2 = \cos\alpha_2$, $\mu_3 = \cos\alpha_3$, $\mu = \cos\Theta$. Die Bedeutung und die ungefähren Größen der Winkel sind aus Abb. 1 zu ersehen.

$$C_1(\mu) = 1,$$
$$C_2(\mu) = 1 - \frac{7}{4}\sin^2\alpha,$$
$$C_3(\mu) = 1 - \frac{9}{2}\sin^2\alpha + \frac{33}{8}\sin^4\alpha,$$
$$C_4(\mu) = 1 - \frac{33}{4}\sin^2\alpha + \frac{143}{8}\sin^4\alpha - \frac{715}{64}\sin^6\alpha,$$
$$C_5(\mu) = 1 - 13\sin^2\alpha + \frac{195}{4}\sin^4\alpha - \frac{1105}{16}\sin^6\alpha + \frac{4199}{128}\sin^8\alpha.$$

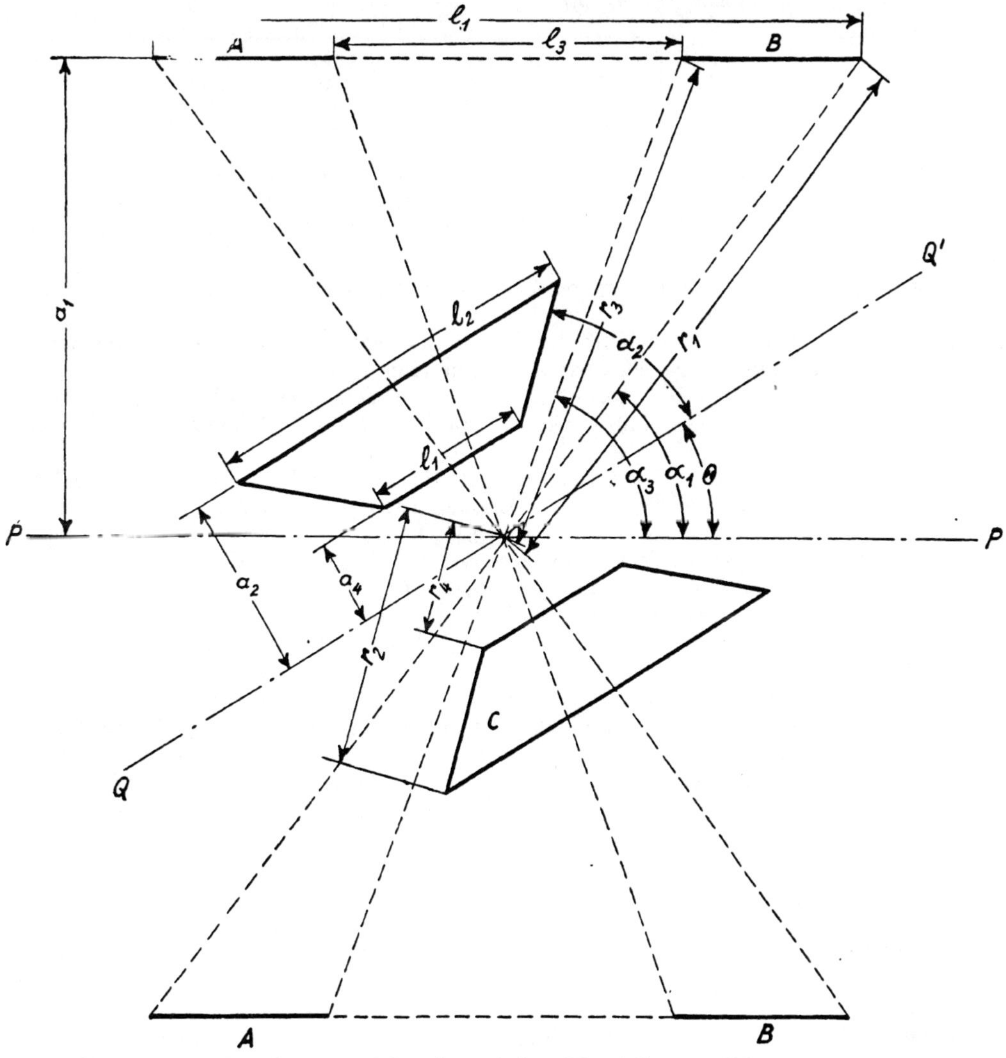

Abb. 1. Das Spulensystem des absoluten elektrodynamischen Theodoliten im Schnitt durch seinen Mittelpunkt senkrecht zur Rotationsachse. Die stark ausgezogenen Linien bezeichnen die Lage der Wicklungen.

Das Bildungsgesetz der $C_n(\mu)$ wird in dem zitierten Bericht und in der dort zitierten Literatur auseinandergesetzt.

$$R_n = r_2^n - r_4^n.$$

a_1 ist der Radius der Primärspulenwicklungen, er ist durch die Spulenträger aus Glas oder Calit und durch den Draht-Radius bestimmt. Wie im genannten Bericht dargetan, wird er durch Ausgleichung der Ergebnisse einer genauen Vermessung der Primärspule gewonnen.

$$r_1 \sin\alpha_1 = r_1 \sqrt{1 - \mu_1^2} = a_1.$$

a_2 und a_4 sind der äußere bzw. der innere Radius der Wicklungen der Sekundärspule. Es wird gezeigt werden, daß ihre Zahlenwerte weit weniger genau bekannt sein müssen als die Daten der Primärspule.

$$r_2 \sin\alpha_2 = r_2 \sqrt{1 - \mu_2^2} = a_2,$$

$$r_4 \sin\alpha_2 = r_4 \sqrt{1 - \mu_2^2} = a_4.$$

Die $P_{2n+1}(\mu)$ sollen die Legendreschen Kugelfunktionen in der üblichen Bezeichnungsweise bedeuten.

Damit man eine Vorstellung von den räumlichen Ausmaßen des Spulensystems bekommt, folge hier eine Tabelle der von *E. A. Johnson* projektierten Daten. Die tatsächliche Ausführung wird in geringem Maße davon abweichen.

Tabelle 1. *Die ungefähren Daten der Spulenanordnung nach E. A. Johnson.*

x	b_x(cm)	a_x(cm)	r_x(cm)	$n_x \frac{\text{Windg.}}{\text{cm}}$	α_x
1	17,8	15	17,5	10	59° 28′
2	2,8	1,5	2	170	49° 06′
3	12,2	15	16,2	10	67° 55′
4	1,5	0,75	1	170	49° 06′

(1) stellt nur den Hauptteil der Spulenkonstanten dar. Er ist noch durch eine Reihe von Störungsgliedern zu korrigieren, die aber höchstens in erster Näherung berücksichtigt zu werden brauchen. Das wird in dem genannten Bericht eingehend dargetan. Die Störungsglieder kommen dadurch zustande, daß

1. die Spulen keine kontinuierliche Stromdichteverteilung haben, sondern aus räumlich ausgedehnten Drähten bestehen;
2. die Stromdichte auf den Querschnitt der Drähte vielleicht nicht ganz gleichmäßig verteilt ist;
3. die Achsen der Drähte keine idealen Schraubenlinien sind;
4. die axialen Komponenten des Stromflusses durch (1) nicht erfaßt werden;
5. die Zuleitungen Magnetfelder induzieren, die im Hauptteil der Spulenkonstanten nicht enthalten sind;
6. die Mittelpunkte der Spulen nicht genau übereinstimmen (das gibt Störungen zweiter Ordnung);
7. die Achsen der Rotationsspule und der Helmholtzspule nicht ganz senkrecht aufeinander stehen;
8. die Klemmenspannung der Sekundärspule wegen ihrer Selbstinduktivität nicht ganz mit der induzierten Spannung in ihren Windungen übereinstimmt.
9. Das Spulensystem wird um eine waagerechte Kippachse und eine vertikale Stehachse drehbar aufgehängt. Im genannten Bericht wird dargetan, daß sich die Orientierungsfehler der Achsen bedeutend auswirken.

Durch eine genaue Analyse der Störungen wird gezeigt, daß alle diese Effekte bis auf die Ungenauigkeiten in den Wicklungen der Primärspule und bis auf das unter 9. aufgeführte Justierungsproblem zu vernachlässigen sind. Ferner wird in dem genannten Bericht gezeigt, daß man die erstgenannten Störungsquellen in ihrer 1. Ordnung durch eine sorgfältig durchdachte Ausgleichsrechnung eliminieren kann. In ihrer zweiten Ordnung braucht man sie dann nicht mehr zu berücksichtigen. Das Justierungsproblem wird dadurch gelöst, daß

a) die aufzustellenden Forderungen an die Genauigkeit der Achsenrichtungen durch ein neues Meßverfahren weitgehend gemildert werden;
b) ein hinreichend genaues mechanisch-optisches Justierungsverfahren entwickelt wird;
c) die elektrischen Methoden zur Prüfung der Justierung weitgehend herangezogen werden.

Weiter wird gezeigt, daß die mechanisch-optische Justierungsmethode konstruktiv leichter zu verwirklichen ist als eine elektrische Methode.

Das Johnsonsche Instrument arbeitet nach einer Nullmethode. In seinem Mittelpunkt soll die zu messende Komponente des geomagnetischen Feldvektors durch das gleichgroße, aber entgegengesetzt gerichtete Feld der Primärspule mit der Anordnung der Wicklungen nach *Helmholtz-Gaugain* kompensiert werden. Der Grad der Kompensation wird durch die um die Rotationsachse rotierende Sekundärspule (Detektorspule) festgestellt. Die induzierte Spannung wird, wie bereits gesagt, sehr hoch verstärkt und die Stärke des das Primärfeld erzeugenden Stromes und die Richtung der Rotationsachse so lange verändert, bis keine merkliche Spannung in der Detektorspule mehr induziert wird. Das Prinzip der Messung beruht also auf einem Satz der Vektorrechnung, wonach man jeden Vektor in 2 Komponenten zerlegen kann. Für die erste ist die Richtung vorgegeben, nämlich die Richtung der Achse der Helmholtzspule, die andere ist dann einer zur gegebenen Richtung senkrechten Ebene parallel. Die Richtung der Rotationsachse ist also so lange zu drehen, bis sie die Richtung dieser Komponente hat, so daß von ihr in der Sekundärspule keine Spannung mehr induziert wird.

Die Stärke des Gleichstromes der Primärspule wird nach der Abgleichung mit Hilfe einer Kompensatorschaltung so genau wie möglich mit dem Spannungsnormalelement gemessen. Aus der gemessenen Stromstärke kann man mit Hilfe der Spulenkonstanten der Primärspule die Komponente des magnetischen Feldes in Richtung ihrer Achse berechnen. In die Spulenkonstante gehen dabei schon die kleinen Inhomogenitäten ein, die im Raum, in dem die Sekundärspule rotiert, zu finden sind. Das soll sogleich gezeigt werden.

Läßt man die Sekundärspule mit einer Frequenz f rotieren, so ist $\Theta = 2\pi ft$ zu setzen und die induzierte Spannung ist bei dem allein berücksichtigten „Hauptteil" der gegenseitigen Induktivität

$$E^*_{s_1 s_2} = J \frac{d}{dt} L^*_{s_1 s_2}. \tag{2}$$

Mit der Abkürzung

$$B_n = \frac{R_{2n+4}\, C_{n+1}(\mu_2)\, b_n}{(n+2)(\mu_1 - \mu_3) R_4}$$

ergibt sich aus (2) die induzierte Wechselspannung in Volt aus dem folgenden Ausdruck

$$E^*_{s_1 s_2} = -4\pi F n_1(\mu_1 - \mu_3) J \left\{\sin 2\pi f t - \sum_{n=1}^{\infty}{}' \sum_{k=0}^{n}{}' B_n A_{(2n+1)(2k+1)} \sin\left(2\pi f(2k+1)t\right)\right\}. \tag{3}$$

Die $A_{(2n+1)(2k+1)}$ sind die Koeffizienten einer Reihenentwicklung der Kugelfunktionen.

$$\frac{dP_{2n+1}(\mu)}{dt} = \sum_{k=0}^{n} 2\pi f A_{(2n+1)(2k+1)} \sin\left(2\pi f(2k+1)t\right). \tag{4}$$

Bei den im vorstehenden vorgeschlagenen Abmessungen sind die Glieder der Doppelsumme klein, so daß sie als Korrekturglieder angesehen werden können. Die beiden Koeffizienten für $n = 1$ können klein gehalten werden, wenn man den in $C_2(\mu_2)$ enthaltenen Winkel α_2 so bestimmt, daß mit genügender Genauigkeit gilt

$$C_2(\mu_2) = 0 = 1 - \frac{7}{4}\sin^2\alpha_2.$$

Daraus berechnet sich $\alpha_2 = 49°\,6'$. Wenn man an die Fertigung die Forderung stellt, daß der Körper, auf den die Sekundärspule gewickelt werden soll (die „Garnrolle"), den Winkel α_2 mit einer Toleranz $\pm 6' = \pm 0{,}1°$ halte, so bleibt

$$|C_2(\mu_2)| \leqq 0{,}0035.$$

A_{31} und A_{33} haben die Werte 0,3750 bzw. 1,8750. Mit $B_1 = 7{,}13\, C_2(\mu_2) \cdot 10^{-6}$ können $B_1 A_{31} = C_2(\mu_2) \cdot 2{,}67 \cdot 10^{-6}$ und $B_1 A_{33} = C_2(\mu_2)\, 13{,}37 \cdot 10^{-6}$ vernachlässigt werden, wenn man die Grundsätze aufstellt:

a) Rechnerische Vernachlässigungen von der relativen Ordnung $< 10^{-7}$,

b) Vernachlässigungen, die sich aus der Konstruktion ergeben, von der Größenordnung $< 10^{-6}$ sind gestattet. Das folgt aus der Forderung, daß der relative Fehler der Messungen des erdmagnetischen Feldes unter 10^{-5} liegen soll.

Mit 49°6′ ergeben sich die Werte der Tabelle 2.

Tabelle 2. *Die ersten Koeffizienten der sinus-Funktionen in Formel* (3).

n	f	$3f$	$5f$	$7f$	$9f$
1	$0{,}77 \cdot 10^{-8}$	$3{,}54 \cdot 10^{-8}$			
2	$1{,}96 \cdot 10^{-6}$	$6{,}86 \cdot 10^{-6}$	$20{,}57 \cdot 10^{-6}$		
3	$0{,}27 \cdot 10^{-8}$	$0{,}88 \cdot 10^{-8}$	$1{,}79 \cdot 10^{-8}$	$4{,}65 \cdot 10^{-8}$	
4	$0{,}24 \cdot 10^{-10}$	$0{,}76 \cdot 10^{-10}$	$1{,}41 \cdot 10^{-10}$	$2{,}47 \cdot 10^{-10}$	$5{,}6 \cdot 10^{-10}$

Wenn man die lock-in-Schaltung des Verstärkers benutzt, ist seine Empfindlichkeit so abgestimmt, daß er auf die 3., 5., 7.... Oberwelle nur außerordentlich gering anspricht. Es wird nur ein schmales Band um 9 Hz herum verstärkt, so daß sogar die in dieses Band fallenden Frequenzen des Rauschens vernachlässigt werden können. Die Koeffizienten der Oberschwingungen haben also keinen Einfluß mehr auf die Spulenkonstante. Das einzige Glied, das außer dem ganz vorn stehenden noch eine Rolle spielt, ist das mit $B_2 A_{51}$. Die zu messende Wechselspannung drückt sich so aus:

$$E_c = -F \cdot 4\pi n_1(\mu_1 - \mu_3) J(1 - B_2 A_{51}) \sin 2\pi f t. \tag{5}$$

Unter dem Einfluß eines homogenen äußeren Feldes, dessen Komponente in Richtung der x_1-Achse H_{x_1} ist, wird in der Rotationsspule die folgende Spannung induziert:

$$E_H = -F H_{x1} \sin 2\pi f t. \tag{6}$$

Wenn man sie mit E_c überlagert, erhält man:

$$E_R = E_c - E_{H_x} = -F(J_{x_1}G - H_{x_1})\sin 2\pi f t .$$

Gemäß dem Prinzip des Theodoliten ist die Stromstärke der Primärspule so abzugleichen, daß $E_R \to 0$, und man erhält

(7) $$H_{x_1} = G J_{x_1} \quad \text{mit} \quad G = 4\pi n_1(\mu_1 - \mu_3)(1 - B_2 A_{51}) .$$

G ist die Spulenkonstante des Gerätes. Für die in Tabelle 1 niedergelegten Abmessungen ergibt sich

$$G = 16{,}598269(1 - 1{,}96 \cdot 10^{-6}) .$$

Wenn J nicht in den Einheiten des Gaußschen elektrodynamischen Maßsystems gemessen werden soll, sondern in Ampere, so ist G mit dem Faktor $\frac{1}{10}$ zu multiplizieren. Wir nennen

(8) $$G_H = 4\pi n_1(\mu_1 - \mu_3) = 4\pi \frac{N}{(l_1' - l_3')}\left(\frac{l_1'}{r_1} - \frac{l_3'}{r_3}\right)$$

den „Hauptteil" der Spulenkonstanten. N ist die Anzahl der Windungen auf einer Seite der Helmholtzspule, $l_1' = l_{l_1/2}$, $l_3' = l_{l_3/2}$.

Aus (8) ist zu ersehen, wie genau die Abmessungen der Primärspule sein müssen, wenn die Genauigkeitsforderungen an die Messung erfüllt sein sollen. Diese Genauigkeitsbetrachtung, und wie l_1', l_3', r_1, r_3 aus den Ergebnissen der Vermessung der Helmholtzspule ermittelt werden sollen, ist in dem genannten Bericht ausgeführt.

Das Glied $B_2 A_{51}$ ist zwar mit genügender Genauigkeit zu berechnen, wird aber als Schönheitsfehler empfunden. Die Ausführungen von *Brown* und *Sweer* legen es nahe (Lit. s. angeg. Bericht), an Stelle der „Garnrolle" eine „Kugelspule" zu benutzen, deren bestechende Eigenschaft bei einer bestimmten Art der Wicklung es ist, daß man mit ihrer Hilfe die magnetische Feldstärke in einem Punkt messen kann, wobei das Feld recht inhomogen sein kann. In dem genannten Bericht wird ausgeführt werden, daß die Kugelspule bei dem geplanten Gerät keine Vorteile bieten wird. Ein wesentlicher Grund ist dabei der folgende: Wegen der besonderen Art, wie diese Spule gewickelt werden muß, wird sie bedeutend größer werden als die „Garnrolle". Die Rotationsachse wird nicht mit einer Hauptträgheitsachse zusammenfallen, wie es zwar bei der „Garnrolle" auch der Fall sein wird. Die Kräfte sind aber bei der Kugelspule viel größer, weil die rotierende Masse ein Vielfaches der „Garnrolle" sein wird. Dadurch werden vor allen Dingen die Lager belastet. Es wird gezeigt, daß die genaue Kenntnis der Lage der Rotationsachse aber eine Vorbedingung für die Einhaltung der gestellten Forderungen ist. — Wollte man indessen ein inhomogenes Feld in einem Punkte genau ausmessen, so wäre die Verwendung einer Kugelspule nicht mehr zu umgehen.

Es wird ferner gezeigt, daß die kompakt gewickelte Kugelspule nicht der von *Johnson* vorgeschlagenen „Garnrolle" gleichwertig ist. Die Tatsache, daß man die Möglichkeit hat, den Winkel α_2 so zu wählen, daß der erste Koeffizient verschwindet, ist ein besonderer Vorzug des Johnsonschen Vorschlages.

Obwohl die Reduktion der Spulenkonstante auf ihren Hauptteil zunächst als unwesentlich erscheint, ergeben sich für die Wicklung der Helmholtzspule Gesichtspunkte, die es notwendig machen, dieser Frage nachzugehen. Die maßgebenden Gesichtspunkte sollen dann anschließend besprochen werden.

Wie aus den in der Einleitung mitgeteilten Daten ersichtlich ist, hat sich der Vorschlag von *E. A. Johnson* möglichst eng an die Helmholtzbedingung gehalten.

$$\frac{l_1 + l_3}{2} = a_1 , \quad \frac{17{,}8 + 12{,}2}{2} = 15\,\text{cm} .$$

Man erhält so ein magnetisches Feld, dessen Inhomogenitäten im Mittelpunkt der Primärspule von höherer als der zweiten Ordnung klein sind. Die Änderung des Kraftlinienflusses in den von den Windungen der Sekundärspule aufgespannten Kreisen ist aber nicht allein von dem Felde im Mittelpunkt abhängig. Man versucht, die Helmholtzbedingung in dem Sinne abzuändern, daß die in den $C_n(\mu_1)$ in Formel (1) ausgedrückte Wirkung der Inhomogenitäten möglichst wenig zur Spulenkonstante beiträgt. Im vorliegenden Falle erreicht man dieses Ziel, wenn man eine andere Bedingung nimmt, und zwar so, daß $b_2 = 0$ wird.

Daraus folgen:

$$b_2 = \frac{\mu_1(1-\mu_1^2)\,C_2(\mu_1)}{r_1^4} - \frac{\mu_3(1-\mu_3^2)\,C_2(\mu_3)}{r_3^4} = 0$$

und wegen

$$\mu_1 = \cos\alpha_1 , \; \mu_3 = \cos\alpha_3 , \; r_1 \sin\alpha_1 = a_1 , \; r_3 \sin\alpha_3 = a_1 ,$$

$$b_2 = \frac{1}{a_1^4}\left(\cos\alpha_1 \sin^6\alpha_1\left(1 - \frac{7}{4}\sin^2\alpha_1\right) - \cos\alpha_3 \sin^6\alpha_3\left(1 - \frac{4}{7}\sin^2\alpha_3\right)\right) = 0$$

und

(9) $$b_2 = \frac{1}{4a_1^4}\left[\frac{\operatorname{ctg}\alpha_1(4\operatorname{ctg}^2\alpha_1 - 3)}{(1+\operatorname{ctg}^2\alpha_1)^{7/2}} - \frac{\operatorname{ctg}\alpha_3(4\operatorname{ctg}^2\alpha_3 - 3)}{(1+\operatorname{ctg}^2\alpha_3)^{7/2}}\right] = 0 .$$

Aus Abb. 1 ist zu ersehen, daß $\operatorname{ctg}\alpha_1$ und $\operatorname{ctg}\alpha_3$ sich leicht durch andere Größen ausdrücken lassen. Man führt folgende Bezeichnungen ein:

$$\frac{l_1 - l_3}{2} = g, \quad \frac{l_3}{2} = h.$$

Die Helmholtzbedingung berücksichtigend, kann man schreiben:

$$\operatorname{ctg}\alpha_1 = \frac{1}{2} - \frac{g}{2a_1} = \frac{1}{2}(1 + \varepsilon) \quad \text{mit} \quad \varepsilon = \frac{g}{a_1} = \frac{2{,}8}{15} \approx 0{,}187,$$

$$\operatorname{ctg}\alpha_1 = \frac{h}{a_1} = \frac{1}{2}(1 - \varepsilon) \quad \text{mit} \quad \varepsilon = \frac{g}{a_1}.$$

Wenn man nun bezeichnet $\operatorname{ctg}\alpha_1 = x_1$, $\operatorname{ctg}\alpha_3 = x_3$, so gilt, daß die beiden Funktionen eine konstante Differenz haben.

$$x_1 - x_3 = \frac{g}{a_1} = 0{,}187.$$

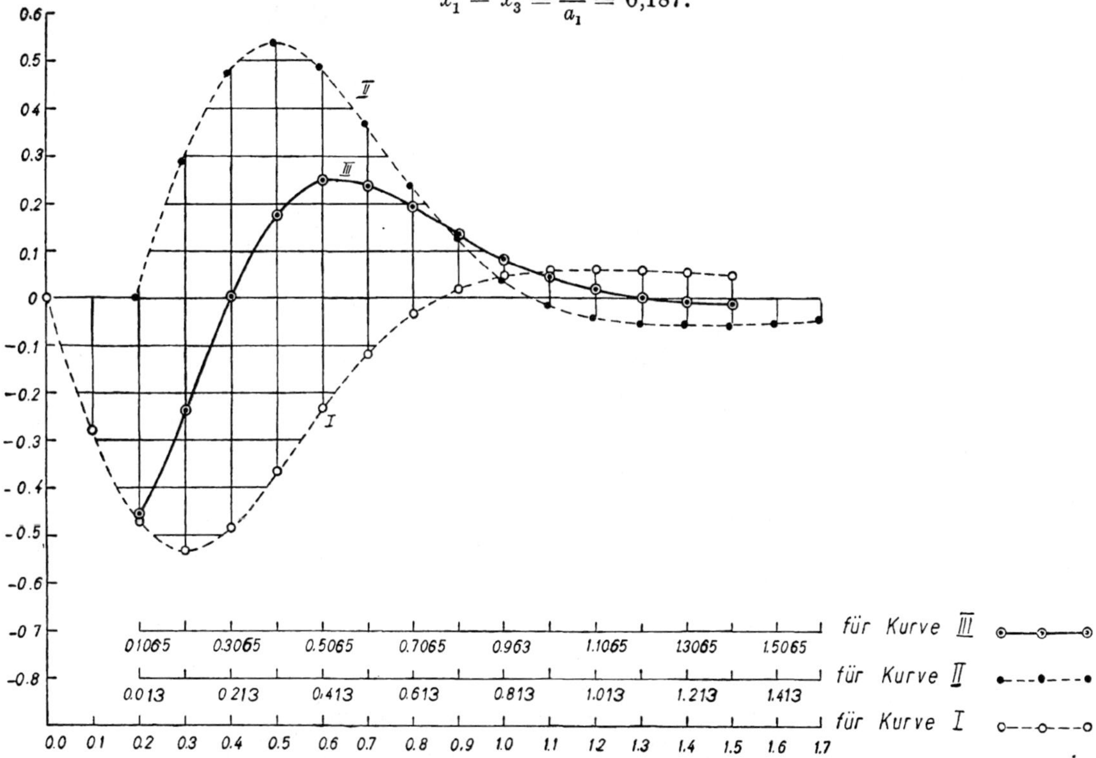

Abb. 2. Die Darstellung der Funktion $y_1 - y_3$, wo

$$y_1 = \frac{x_1(4x_1^2 - 3)}{(1 + x_1^2)^{9/2}}, \quad y_3 = \frac{x_3(4x_3^2 - 3)}{(1 + x_3^2)^{9/2}} \quad \text{für} \quad x_1, x_3 = 0{,}1 \text{ bis } 1{,}5.$$

Es gilt $x_3 = x_1 - 0{,}187$. Die Nullstellen von $y_1 - y_3$ liegen bei $x_{11} \approx 0{,}4$ und $x_{12} \approx 1{,}3$.

Diese Bedingung muß auch erhalten bleiben, wenn man nicht mehr von der Helmholtzbedingung ausgeht. Man berechnet

$$y_1 = \frac{x_1(4x_1^2 - 3)}{(1 + x_1^2)^{9/2}} \quad \text{und} \quad y_3 = \frac{x_3(4x_3^2 - 3)}{(1 + x_3^2)^{9/2}}$$

für $x_1, x_2 = 0{,}1$ bis $1{,}5$.

Die Nullstellen der Kurve $(y_1 - y_3)$ sind die Nullstellen von b_2. Sie liegen bei

$$x_{11} \approx 0{,}4, \quad x_{12} \approx 1{,}3. \quad \text{(Abb. 2)}$$

In der Nähe des Wertes $x_1 = 0{,}5935$, der der Anordnung von *Helmholtz-Gaugain* entspricht, hat die Kurve ein Maximum. Es liegt also nahe, vorzuschlagen, daß die Anordnung so abgeändert wird, daß b_2 verschwindet.

Für „*Helmholtz-Gaugain*" ist

$$x_1 = 0{,}5935, \quad x_3 = 0{,}4065, \quad x_1 = \operatorname{ctg}\alpha_1, \quad x_3 = \operatorname{ctg}\alpha_3,$$

$$\cos\alpha_1 = 0{,}5123, \quad \cos\alpha_3 = 0{,}3742,$$

$$\cos\alpha_1 - \cos\alpha_3 = +\,0{,}1381.$$

Für die neue Anordnung erhält man

$$x_1 = 0{,}4\,, \qquad x_3 = 0{,}213\,,$$

$$\cos\alpha_1 = 0{,}3714\,, \qquad \cos\alpha_3 = 0{,}1994\,,$$

$$\cos\alpha_1 - \cos\alpha_3 = +\,0{,}1720\,.$$

Aus diesen Zahlen und Formel (7) folgt, daß die Spulenkonstante um 24,5% größer würde. Man braucht wegen (7) nur mit einer um rund 25% kleineren Stromstärke zu arbeiten. Auf die Bedeutung dieses Ergebnisses werden wir sogleich zurückkommen.

Vorher ist noch auf die Frage einzugehen, ob das Störungsglied $B_3 A_{51}$ in Formel (3) wesentlich andere Werte, als in Tabelle 2 angegeben, erhält.

A_{51} ist vollkommen unabhängig von der Spulenanordnung. Von B_3 ist nun der Faktor $\frac{b_3}{\mu_1 - \mu_3}$ von den Abmessungen der Spulenkonstante abhängig.

$$b_3 = \frac{1}{a_1^6}\left(\frac{\mu_1(1-\mu_1^2)\,C_3(\mu_1)\,(1-\mu_1^2)^3}{1} - \frac{\mu_3(1-\mu_3^2)\,C_3(\mu_3)\,(1-\mu_3^2)^3}{1}\right),$$

$$C_3(\mu) = \left(1 - \frac{9}{2}\sin^2\alpha + \frac{33}{8}\sin^4\alpha\right),$$

$$b_3 = \frac{1}{a_1^6}\left(\mu_1(1-\mu_1^2)^4\,C_3(\mu_1) - \mu_3(1-\mu_3^2)^4\,C_3(\mu_3)\right).$$

Die Zahlenrechnung ergibt

$$\frac{b_3}{\mu_1 - \mu_3} \approx -\,0{,}533 \cdot \frac{1}{a_1^6} \quad \text{für die Helmholtzbedingung,}$$

$$\frac{b_3}{\mu_1 - \mu_3} \approx -\,0{,}217 \cdot \frac{1}{a_1^6} \quad \text{für die neue Anordnung.}$$

Aus dem Verhältnis der beiden Zahlen ist zu schließen, daß $B_3 A_{51}$ keinen wesentlich anderen Zahlenwert, als in Tabelle 2 angegeben, erhalten wird.

In dem vorn zitierten Bericht wird noch die Frage behandelt, ob die Vermessung der Primärspule in der neuen Anordnung wesentlich genauer, als im bisherigen Programm vorgesehen, ausgeführt werden muß. Es kann gezeigt werden, daß keine wesentlich strengeren Forderungen gestellt werden müssen. Es genügt, wenn die einzelnen Angaben der Durchmesser und der Längen in axialer Richtung auf $\pm 3\,\mu$ ausgeführt werden. Bisher wurde $\pm 4\,\mu$ gefordert. Dann kann die Achse der Helmholtzspule auch mit hinreichender Genauigkeit festgelegt werden. Das ist möglich, weil bei dem gegenüber *E. A. Johnson* neu vorgeschlagenen Meßverfahren (s. den oben genannten Bericht) ein Fehler von 45″ zugelassen ist.

Darüber hinaus bietet, wie schon erwähnt, die neue Anordnung einige Vorteile:

1. Die im vorstehenden erwähnte Ausgleichsrechnung läßt sich besser durchführen als bei der Anordnung nach *Helmholtz-Gaugain*. Eine eingehende Begründung dieser Tatsache findet sich in dem genannten Bericht. Es sei hier nur erwähnt, daß bei der neuen Anordnung die zweiten Ableitungen nach x_1' der gegenseitigen Induktivität eines einfachen Leiterkreises der Primärspule gegenüber der ganzen Sekundärspule keine Nullstellen mehr haben. Dadurch ist die uneingeschränkte Anwendung des 1. Mittelwertsatzes der Integralrechnung möglich.

2. Es wurde schon früher gezeigt (s. auch zit. Bericht), daß die Stromwärme in der Primärspule bei der geringsten Belastung von 60 bis 600 mAmp. keine wesentliche Fehlerquelle bei den Messungen bilden kann. Dadurch, daß die Spulenkonstante bei der neuen Anordnung um rund 25% größer wird, ist der Einfluß der Fehlerquelle noch auf etwa die Hälfte herabgemindert. Das ist nicht wichtig. Dagegen ist, wie mit Herrn *W. Fritzsch*, Ingenieur bei dem VEB „Kabel", Berlin, besprochen, folgender Umstand zu berücksichtigen: Ein Kupferdraht von 0,9 mm Durchmesser erleidet, wenn er auf ein Spulengehäuse von 30 cm Durchmesser gewickelt wird, schon Deformationen, die über die Elastizitätsgrenze hinausgehen. Dadurch ist es sehr schwierig, ihn so zu wickeln, daß er bis auf wenige 0,01 mm genau in seiner Lage liegenbleibt. Obwohl die Wicklungen „gekämmt" werden, kommt es häufig vor, daß sich benachbarte Windungen berühren, zumal der Abstand zwischen ihnen nur 0,1 mm beträgt. Wenn man den Durchmesser auf 0,8 mm erniedrigen würde, würde der Abstand auf 0,2 mm anwachsen, und das „Kämmen" könnte mit weit kräftigeren Kämmvorrichtungen durchgeführt werden. Man kann weicheres Material dafür benutzen, denn es ist wichtig, daß der Kupferdraht beim Kämmen nicht beschädigt wird. Dann würde der Querschnitt um $\frac{0{,}81 - 0{,}64}{0{,}81} \approx 21\,\%$ kleiner und der Widerstand entsprechend größer werden. Die Stromdichte und die Stromwärme würden nur sehr wenig anwachsen, weil die Stromstärke bei der neuen Anordnung um 21% kleiner werden würde. Man kann hoffen, daß sich der Draht mit dem Durchmesser 0,8 mm beim Wickeln weniger werfen wird.

Anschrift: Dr. O. Lucke, Potsdam, Geomagnetisches Institut.

Meteorologische und geophysikalische Sonderberichte

Die Witterung in der Deutschen Demokratischen Republik

(Kurzbericht des Meteorologischen und Hydrologischen Dienstes der DDR)

Dezember 1953

Der Dezember war wiederum zu warm und zu trocken. Am 4. wurden von vielen Stationen die bisher höchsten Dezembertemperaturen gemessen.

Eine meridionale Strömungsanordnung oder doch zumindest eine solche mit meridionalen Anteilen herrschte mit geringfügigen Unterbrechungen vor. Der Witterungscharakter war nur im letzten Monatsdrittel zyklonal bestimmt.

Die Tagesmittel der Lufttemperatur lagen vom 1. bis 5. ungewöhnlich hoch. Sie überstiegen den Normalwert um 5° bis 9°. Auch vom 10. bis 13. und vom 23. bis 29. überschritten die Tagesmitteltemperaturen den langjährigen Durchschnitt. Während sie vom 14. bis 22. und am 30./31. auf unter 0° und unter den Normalwert absanken.

Die Monatshöchsttemperatur wurde von den meisten Stationen am 4. und nur vereinzelt in Mitteldeutschland am 1., 2., 5. oder 6. beobachtet. Mit 13° bis 15° an der Küste, 16° bis 18° im mitteldeutschen Flachland (am Nordostabfall der Mittelgebirge vereinzelt bis 20,5°) und 11° bis 15° im Bergland wurde der Normalwert erheblich übertroffen, allgemein um 4° bis 7°, stellenweise um 8° bis 11°. Vielfach waren dies die überhaupt höchsten bisher gemessenen Dezembertemperaturen.

Die Monatstiefsttemperatur stellte sich allgemein am 18. (vorwiegend im Norden) oder am 31. (vorwiegend im Süden) ein. Sie schwankte im Flachland zwischen −4° und −8°, im Bergland zwischen −10° und −12°. Sie lag damit verbreitet um 3° bis 6° über dem langjährigen Durchschnitt.

Die Zahl der Frosttage erreichte an der Küste und in Mitteldeutschland 10 bis 16, in den küstenferneren Teilen Mecklenburgs sowie im Mittelgebirge 19 bis 23. Das waren im Norden 0 bis 3 Tage zuviel, im Süden dagegen allgemein 3 bis 7 Tage (Oberharz bis 13 Tage) zuwenig. Die Zahl der Eistage schwankte im größten Teil des Berichtsgebietes zwischen 2 und 4. Nur im Bergland war sie mit 8 bis 13 Tagen höher. Sie blieb damit um 3 bis 6 Tage (Bergland: 8 bis 10 Tage) hinter dem Normalwert zurück. Strenger Frost wurde nur im Bergland an einem Tag beobachtet.

Die Monatsmitteltemperatur überstieg an der westmecklenburgischen Küste, in der nördlichen Altmark sowie in einem umfangreichen Gebiet beiderseits der Saale knapp 3°. In Ostmecklenburg und entlang der Oder ging sie auf unter 2°, in der nördlichen Uckermark auf unter 1° zurück. Die Temperaturabnahme zu den Höhen der Mittelgebirge hin war infolge der häufigen Hochdrucklagen, besonders im Westen, außerordentlich gering. Die Monatsmitteltemperatur auf dem Brocken entsprach mit 1,1° derjenigen in Südostmecklenburg.

Der Dezember war damit im gesamten Berichtsgebiet zu warm. Im Nordosten betrug die positive Abweichung 0,8° bis 1,2°, nach Südwesten zu stieg sie auf 2,2° bis 2,8° an. Besonders groß war sie in den Mittelgebirgen mit mehr als 3° (Brocken +4,6°!).

Die Niederschläge fielen — außer denjenigen am 10. — überwiegend im letzten Monatsdrittel. In der Zeit vom 18. bis 20. oder am 27., einem sehr späten Termin hierfür, fiel im Flachland zum erstenmal in diesem Winter Schnee. Die Zahl der Tage mit Niederschlag erreichte an der Küste 11 bis 15, im Binnenland 8 bis 13, im Bergland 15 bis 20. Das sind meist 4 bis 6 Tage (stellenweise bis 9 Tage) weniger als normal. Auch die Zahl der Tage mit Schneefall blieb mit 2 bis 4 Tagen im Norden, 4 bis 8 Tagen im Süden und 10 bis 12 Tagen im Bergland meist um 2 bis 4 Tage (Bergland: 4 bis 7 Tage) hinter dem Normalwert zurück. Die höchste Tagessumme des Niederschlags wurde entweder am 11. oder an den Tagen vom 27. bis 29. gemessen. Sie blieb an der Mehrzahl der Stationen unter 10 mm, z. T. unter 5 mm.

Die Monatssumme des Niederschlags schwankte im Flachland meist zwischen 15 mm und 25 mm. Nur in Westmecklenburg, im Harzvorland, im Eichsfeld und in Westsachsen stieg sie auf 25 mm bis 30 mm, auf den Höhen der Mittelgebirge stellenweise auf wenig über 50 mm, an.

Auch der Dezember war damit wieder außerordentlich trocken. Vielfach wurden 30% bis 50% und nur in einem breiten Streifen, der vom Harzgebiet zum Erzgebirge reichte, 50% bis 75% bzw. ganz vereinzelt knapp 100% der normalen Monatssumme gemessen.

Eine geschlossene Schneedecke bildete sich im Mittelgebirge erst ab 20., im Flachland — außer unmittelbar an der Küste, die schneefrei blieb — meist erst ab 29./30. aus. Die maximale Höhe der Schneedecke erreichte am Monatsende im Flachland 3 cm bis 4 cm, im Bergland 30 cm bis 40 cm.

Der mittlere Bedeckungsgrad lag allgemein um 0,3 bis 0,6 Zehntel unter dem Normalwert, nur im Harzvorland um etwa 0,5 Zehntel darüber. Während im nördlichen Flachland meist kein heiterer Tag beobachtet wurde, stieg ihre Zahl nach Südosten hin auf 1 bis 3, am Nordosthang der Mittelgebirge auf 4 bis 5 an. Das sind im Norden meist 1 bis 2 Tage weniger, im Süden und Südosten dagegen 2 bis 3 Tage mehr als normal. Die Zahl der trüben Tage schwankte zwischen 14 und 20. Sie war damit überwiegend um 1 bis 5 Tage zu gering.

Die Monatssumme der Sonnenscheindauer schwankte im Norden zwischen 30 und 50 Stunden, im Süden zwischen 50 und 70 Stunden. Das entspricht im Norden 80% bis 100%, im Süden 120% bis 150% der normalen Summe.

Jahr 1953

Das Jahr 1953 war zu warm und trotz extrem hoher Niederschläge im Juni insgesamt sehr trocken.

Außer im Juli und August herrschte während des ganzen Jahres eine meridionale Strömungsanordnung vor. Hochdruckeinfluß war — besonders im März/April sowie ab August — sehr viel stärker ausgeprägt als normal.

Ähnlich wie das vorangegangene Jahr war auch das Jahr 1953 durch das häufige Auftreten von Witterungsextremen gekennzeichnet. Am 9./10. Mai bildete sich im Flachland und Hügelland kurzzeitig eine geschlossene Schneedecke, ein für diese Jahreszeit sehr ungewöhnlicher Vorgang. Die Monatssumme des Niederschlags im Juni überschritt vielfach die absolut höchsten bisher gemessenen Werte. Im Dezember wurden verbreitet die absolut höchsten Temperaturen erreicht oder überboten. Der erste Schneefall des Winters wurde im Flachland zu einem ungewöhnlich späten Zeitpunkt, erst Ende Dezember, beobachtet.

Die folgenden Witterungserscheinungen verdienen besondere Beachtung:

Die Zeit mit exzessiven Starkregen, die im Mai begann, im Juni ihren Höhepunkt erreichte und im Juli/August ausklang, wobei Erosionsschäden mit einer Häufigkeit und Intensität auftraten, wie sie bei uns selten sind.

Der ab Mitte August einsetzende Niederschlagsmangel, der ohne wesentliche Unterbrechung bis zum Jahresende anhielt und sich durch niedrige Wasserstände, zurückgehende Quellschüttung und Absinken des Grundwasserspiegels in immer zunehmendem Maße bemerkbar machte.

Die Jahreshöchsttemperatur wurde an verschiedenen Tagen im Mai, Juli, August oder September beobachtet. Mehr als die Hälfte aller Stationen stellte sie am 15. oder

Jahr: 1953 **Beobachtungsergebnisse aus dem Gebiet der DDR** **Monat: Dezember**

Station	Seehöhe m	Lufttemperatur °C Mittel	Abweichung v. Normalwert	Maximum	Datum	Minimum	Datum	Feuchtigkeit %	Bewölkung 0—10	Niederschlag Summe in mm	% des Normals	Höchste Tagessumme	Datum der Messung	Zahl der Tage Niederschlag ≧ 0,1 mm	≧ 1,0 mm	Schnee ≧ 0,1 mm	heitere	trübe	Nebel	Gewitter	Sturm	Eis	Frost	Sommer	Sonnenscheindauer Monatssumme (Stunden)	% der astr. möglichen	% der normalen
Arkona	42	2,8	(+1,1)	12,1	4.	−4,7	18.	91	7,6	23	46	7,8	11.	13	7	5	.	18	10	.	1	1	15	.	40	16	—
Boltenhagen	2	3,0	(+1,6)	13,9	4.	−4,5	31.	92	7,4	25	58	5,8	27.	16	7	2	.	13	10	.	.	.	7	.	37	16	—
Warnemünde	4	2,8	(+1,7)	14,4	4.	−4,5	18.	92	7,7	22	49	6,5	27.	16	7	4	.	14	10	.	.	2	12	.	43	19	—
Ückermünde	1	1,5	(+0,9)	14,4	4.	−8,0	31.	92	7,7	15	31	3,0	11./19.	12	5	5	1	18	10	.	.	4	18	.	—	—	—
Schwerin	59	2,2	+1,3	14,7	4.	−4,3	18.	93	7,5	22	39	8,0	27.	15	5	3	.	11	12	.	.	2	19	.	—	—	—
Teterow	46	1,7	(+1,0)	14,1	4.	−5,5	18.	93	7,6	14	29	5,7	27.	11	3	4	.	15	14	.	.	3	18	.	—	—	—
Kyritz	48	1,9	+1,5	14,8	4.	−5,8	18.	92	7,6	18	38	6,6	27.	13	4	3	.	15	12	.	.	2	19	.	—	—	—
Neustrelitz	66	1,5	+1,1	14,4	4.	−6,6	18.	91	8,0	12	21	2,4	28.	11	4	6	.	19	13	.	.	4	19	.	—	—	—
Angermünde	48	1,2	+1,0	13,4	4.	−7,9	18.	90	7,5	17	39	8,5	11.	10	4	2	.	15	11	.	.	6	19	.	44	19	—
Gardelegen	47	2,9	+1,8	16,6	4.	−4,4	18.	89	7,4	22	46	8,8	27.	10	7	2	1	13	12	.	.	1	12	.	38	16	—
Magdeburg	79	3,0	+1,9	16,7	4.	−3,7	9./31.	91	7,5	30	77	8,2	29.	13	7	3	1	14	12	.	.	.	14	.	27	11	79
Halle	111	3,5	(+2,2)	16,6	4.	−4,9	31.	87	7,1	20	61	3,6	11.	11	7	6	2	13	13	.	.	1	13	.	48	20	—
Potsdam	81	2,0	+1,5	15,4	4.	−6,6	18.	89	7,3	22	46	9,4	11.	10	4	3	.	14	13	.	.	2	16	.	43	18	108
Berlin-Adlershof	38	1,9	(+1,3)	14,7	4.	−6,6	18.	89	7,2	21	44	9,1	11.	10	4	3	1	16	13	.	1	3	16	.	41	17	—
Jüterbog	72	2,5	+1,9	15,0	4.	−4,8	18.	88	6,9	15	40	5,4	28.	11	3	4	1	12	10	.	.	1	17	.	43	18	—
Torgau	80	2,9	+1,9	16,4	4.	−7,1	31.	88	6,8	21	51	9,5	28.	10	5	7	6	14	6	.	.	2	17	.	48	20	—
Frankfurt a. d. O.	52	1,5	+1,1	14,8	4.	−7,9	18.	89	7,0	14	33	6,1	11.	10	4	2	2	14	14	.	.	4	18	.	—	—	—
Cottbus	72	2,8	+2,3	15,3	4.	−8,9	18.	85	7,2	21	49	7,3	28.	10	4	3	2	17	6	.	.	1	11	.	—	—	—
Wernigerode	234	3,8	(+2,8)	16,6	4.	−3,6	31.	88	8,4	25	49	6,4	29.	11	9	5	1	22	17	.	1	2	17	.	37	15	—
Erfurt	254	2,9	+2,4	17,4	4.	−9,0	31.	89	7,1	19	63	3,5	30.	13	8	3	3	12	8	.	.	1	13	.	34	14	79
Altenburg-Ost	224	2,6	+2,1	16,7	4.	−5,6	18.	88	7,2	19	56	4,8	29.	14	7	7	1	14	10	.	.	1	15	.	51	21	—
Wahnsdorf b. Dresden	246	2,1	+1,8	11,9	1.	−5,2	19.	84	7,2	19	38	7,4	29.	10	5	6	3	14	12	.	.	7	12	.	62	25	135
Görlitz	237	2,1	+2,0	12,2	1.	−5,4	18.	84	6,8	18	35	7,7	29.	8	4	4	4	18	3	.	.	7	14	.	74	30	—
Kalteneber	445	2,2	(+2,6)	13,8	4.	−4,8	31.	92	8,8	29	47	7,6	28.	14	9	7	.	25	20	.	1	7	14	.	31	13	—
Karl-Marx-Stadt	356	2,8	+2,4	17,8	4.	−5,5	31.	83	6,8	32	62	7,6	29.	11	10	7	4	15	8	.	.	4	13	.	59	24	148
Sonneberg-Malschalm	523	1,1	+2,2	14,6	6.	−6,4	31.	92	8,4	30	29	4,6	29.	12	9	9	1	20	5	.	.	9	20	.	47	19	—
Brocken	1142	1,1	+4,7	11,8	17.	−10,3	31.	88	7,9	53	32	13,1	28.	20	12	11	1	16	21	.	8	9	16	.	60	25	—
Inselsberg	914	1,0	+3,9	10,8	5.	−10,8	31.	91	7,9	41	34	10,4	29.	13	9	10	2	20	27	•	9	9	20	.	57	23	143
Fichtelberg	1214	−0,4	+3,5	14,6	2.	−12,3	31.	88	7,6	41	57	9,3	28.	18	9	9	1	17	25	.	6	13	23	.	74	29	172

Jahr 1953 — Beobachtungsergebnisse aus dem Gebiet der DDR

Station	Seehöhe m	Lufttemperatur °C: Mittel	Abweichung v. Normalwert	Maximum	Datum	Minimum	Datum	Feuchtigkeit %	Bewölkung 0—10	Niederschlag: Summe in mm	% des Normals	Höchste Tagessumme	Datum der Messung	Zahl der Tage: Niederschlag ≧ 0,1 mm	≧ 1,0 mm	Schnee ≧ 0,1 mm	heitere	trübe	Nebel	Gewitter	Sturm	Eis	Frost	Sommer	Sonnenscheindauer: Jahressumme (Stunden)	% der astr. möglichen	% der normalen
Arkona	42	8,6	+1,1	27,9	26. 7.	−13,3	9. 2.	84	6,6	426	73	34,1	10. 6.	159	94	30	28	136	81	25	45	13	72	5	2074	46	—
Boltenhagen	2	9,1	(+1,1)	31,0	3. 7.	−15,4	9. 2.	84	6,6	529	100	42,6	19. 6.	190	106	30	37	121	57	30	16	11	60	16	1810	—	—
Warnemünde	4	9,2	(+1,4)	30,2	3. 7.	−14,0	9. 2.	83	6,7	490	93	16,9	16. 6.	169	106	31	30	141	61	24	11	13	61	18	1883	42	—
Ückermünde	1	9,2	(+1,2)	31,7	26. 7.	−21,4	9. 2.	80	6,2	471	83	17,8	17. 6.	171	92	40	43	112	45	29	9	17	94	34	—	—	—
Schwerin	59	9,1	+1,0	30,5	2. 7.	−16,0	9. 2.	82	6,7	552	88	62,9	19. 6.	176	97	37	32	138	81	27	.	18	88	29	—	—	—
Teterow	46	9,0	(+1,2)	32,4	16. 8.	−19,0	9. 2.	82	6,2	532	90	37,2	23. 5.	173	86	40	49	123	71	30	6	18	89	28	—	—	—
Kyritz	49	9,3	+1,1	32,6	15. 8.	−20,6	8. 2.	78	6,2	418	73	27,1	12. 6.	170	90	31	49	119	60	22	3	15	94	40	—	—	—
Neustrelitz	66	8,9	+0,9	32,5	16. 8.	−22,1	9. 2.	79	6,7	509	78	32,5	27. 6.	154	99	37	36	146	78	24	.	21	100	33	—	—	—
Angermünde	48	9,3	+1,4	31,8	16. 8.	−23,6	9. 2.	78	6,5	536	98	67,1	10. 6.	157	96	41	41	141	51	32	3	21	96	40	—	—	—
Gardelegen	47	9,4	+0,8	32,3	2. 9.	−23,1	8. 2.	79	6,4	513	90	51,3	26. 6.	163	86	30	37	125	59	21	6	14	89	40	1741	39	—
Magdeburg	79	9,6	+1,1	31,7	15. 8.	−14,7	8. 2.	82	6,4	422	83	26,1	26. 6.	154	87	28	42	125	59	26	7	15	84	39	1679	38	112
Halle	111	9,9	(+1,2)	33,1	2. 9.	−16,3	8. 2.	78	6,2	392	80	40,5	12. 6.	129	78	36	51	124	69	25	9	13	85	40	—	—	—
Potsdam	81	9,7	+1,4	32,5	21. 5.	−18,2	9. 2.	76	6,6	485	83	45,4	12. 6.	149	92	32	42	136	62	29	.	17	89	48	1935	43	120
Berlin-Adlershof	38	9,6	(+1,3)	32,5	21. 5.	−17,5	9. 2.	78	6,0	505	88	42,9	27. 6.	147	91	32	64	131	53	31	3	15	90	53	1934	43	—
Jüterbog	72	9,6	+1,1	32,2	15. 8.	−17,2	8. 2.	78	6,0	437	85	26,9	19. 6.	151	84	34	50	107	50	29	3	14	89	46	1853	41	—
Torgau	80	9,7	+0,7	32,7	2. 9.	−17,0	8. 2.	78	5,9	428	80	39,4	27. 6.	147	83	37	62	115	48	26	13	14	98	46	1818	41	—
Frankfurt a. d. O.	52	9,6	+1,3	32,2	21. 5.	−17,4	9. 2.	75	5,8	517	96	33,4	28. 6.	147	89	35	60	102	50	30	15	22	87	55	—	—	—
Cottbus	73	10,0	+1,5	32,4	16. 8.	−18,0	9. 2.	74	6,3	472	80	31,1	27. 6.	145	94	43	41	136	47	29	6	15	80	53	—	—	—
Wernigerode	234	9,5	(+1,8)	31,1	2. 9.	−22,2	8. 2.	76	6,7	501	74	42,6	28. 6.	145	90	34	35	143	65	27	20	23	88	27	1752	39	—
Erfurt	254	9,3	+1,3	32,1	15. 8.	−18,2	8. 2.	76	6,2	435	85	20,4	27. 6.	146	89	36	55	118	44	29	25	28	87	38	1766	39	114
Altenburg-Ost	224	9,1	+1,1	31,0	2. 9.	−14,2	8. 2.	80	6,2	513	95	42,2	17. 8.	162	103	40	49	126	64	20	7	25	84	34	1792	40	—
Wahnsdorf b. Dresden	246	9,5	+1,3	31,4	22. 7.	−13,6	15. 1.	74	6,4	548	92	41,3	4. 7.	154	98	41	52	131	85	41	.	31	75	41	1920	43	125
Görlitz	237	9,0	+0,8	29,0	26. 7.	−18,3	9. 2.	76	5,9	593	84	45,8	23. 7.	141	90	44	57	120	42	37	.	33	93	41	2113	45	—
Kalteneber	445	8,2	(+1,5)	29,8	15. 8.	−16,5	8. 2.	80	7,3	535	74	24,7	1. 8.	169	104	50	34	192	120	25	22	40	83	17	1738	39	—
Karl-Marx-Stadt	356	8,8	+1,2	30,5	2. 9.	−17,4	15. 1.	76	6,2	552	78	19,1	24. 6.	154	112	47	57	124	58	28	.	33	87	30	1862	41	120
Sonneberg-Malschalm	523	7,6	+1,0	30,7	2. 9.	−16,2	8. 2.	80	7,0	648	68	32,2	24. 5.	171	103	55	49	176	137	33	29	54	105	27	1755	39	—
Brocken	1142	4,2	+1,8	23,0	15. 8.	−18,9	8. 2.	84	7,4	947	56	42,3	2. 2.	208	142	78	39	194	281	28	157	69	138	.	1620	36	—
Inselberg	914	5,6	+1,5	25,2	12. 8.	−17,2	8. 2.	83	7,0	799	64	46,9	10. 6.	183	124	69	46	175	263	31	115	63	123	1	1659	37	113
Fichtelberg	1214	4,0	+1,1	24,3	22. 7.	−18,4	8. 2.	84	7,1	872	84	29,0	10. 5.	212	134	93	33	179	263	31	79	78	163	.	1857	41	152

16. August oder am 2. September fest. Im binnenländischen Flachland schwankte die Jahreshöchsttemperatur zwischen 30° und 33°, an der Küste und im höheren Bergland zwischen 23° und 26°. Der Normalwert wurde damit meist um 1° bis 2° unterschritten und nur vereinzelt im Binnenland wenig überschritten.

Die Jahrestiefsttemperatur stellte sich vereinzelt am 15. Januar oder 7. Februar, verbreitet am 8. oder 9. Februar ein. Sie erreichte an der Küste —13° bis —16°, im Binnenland (je nach örtlicher Lage) —14° bis —24°. Die Jahrestiefsttemperatur blieb damit im Süden vielfach um 2° bis 5° zu warm, während im Norden der Normalwert häufig um 1° bis 5° unterboten wurde.

Die Zahl der heißen Tage blieb an der Küste und im Bergland hinter dem Normalwert zurück, überstieg ihn jedoch im binnenländischen Flachland mit 10 bis 15 Tagen um meist 3 bis 5 Tage. Demgegenüber war die Zahl der Sommertage im gesamten Berichtsgebiet bedeutend zu hoch. Sie erreichte an der Küste 10 bis 20 Tage, im Binnenland 40 bis 50 Tage und im Mittelgebirge 0 bis 3 Tage. Das waren vielfach 10 bis 15 Tage zuviel. Die Zahl der Frosttage schwankte im allgemeinen wenig um den langjährigen Durchschnitt. Die Zahl der Eistage erreichte — vor allem im Bergland — den Normalwert nicht.

Das Jahresmittel der Temperatur lag auf Rügen, an der nordostmecklenburgischen Küste und auf dem mecklenburgischen Höhenrücken knapp unter 9°. Im übrigen Flachland schwankte die Jahresmitteltemperatur zwischen 9° und 10°. Im Raum Halle—Leipzig—Dessau sowie in der Elbtalwanne bei Dresden wurden 10° sogar knapp überschritten. Die Temperaturabnahme zu den Höhen der Mittelgebirge hin war infolge der großen Häufigkeit von Hochdruckwetterlagen verhältnismäßig gering. Die Mittelgebirgsgipfel hatten Jahresmitteltemperaturen von etwa 4°.

Das Jahr 1953 war damit im gesamten Berichtsgebiet zu warm. Die positive Temperaturabweichung lag nur in der Altmark, in Südmecklenburg sowie in der Lausitz knapp unter 1°; im Oberharz stieg sie auf 1,8° an. Diese verhältnismäßig große positive Abweichung der Jahresmitteltemperatur vom Normalwert kam dadurch zustande, daß auch jeder einzelne Monat, zumindest im größten Teil des Berichtsgebietes, zu warm blieb. Einen besonders großen Wärmeüberschuß — vor allem im Mittelgebirge — brachten die Monate Oktober und Dezember.

Die Zahl der Tage mit Niederschlag war im gesamten Berichtsgebiet, außer stellenweise im westlichen Mecklenburg, zu gering. Demgegenüber überstieg die Zahl der Tage mit Schneefall allgemein den Normalwert um 5 bis 10 Tage. Ebenso traten auch Gewitter häufiger auf als normal. Die höchste Tagessumme des Niederschlags wurde vorwiegend im Juni, stellenweise auch im Mai, Juli, August oder September beobachtet. Besonders häufig wurde sie an einem der Tage vom 9. bis 12. Juni oder vom 22. bis 28. Juni gemessen. Sie trat fast ausschließlich in Verbindung mit einem Gewitter auf. Besonders im Flachland erreichte sie sehr hohe Werte. Vielfach wurden mehr als 50 mm Niederschlag in 24 Stunden festgestellt — an manchen Stationen sogar mehrfach im Laufe des Sommers —, vereinzelt sogar mehr als 100 mm.

Die Jahressumme des Niederschlags lag in größeren Gebieten des Flachlandes unter 500 mm, z. T. unter 400 mm. Nur auf kleineren Flächen, die wie z. B. der Raum nordöstlich von Berlin, im Juni ganz besonders stark überregnet worden waren, stieg sie auf über 600 mm an. Selbst in den höchsten Lagen der Mittelgebirge wurde eine Jahressumme von nur 800 mm bis 1000 mm gemessen.

Das Jahr 1953 blieb damit trotz der häufigen Starkregen des Sommers, besonders des Juni, im gesamten Berichtsgebiet zu trocken. Nur ganz vereinzelt im Vogtland, in Ostthüringen, in der Altmark und in Mecklenburg sowie in einem etwas ausgedehnteren Gebiet im Nordosten von Berlin wurde die normale Jahressumme erreicht oder knapp überschritten. Meist wurden jedoch nur 75% bis 85% der normalen Jahressumme und besonders nach Westen und Süden zu sogar nur 50% bis 75% der normalen Jahressumme festgestellt.

Der mittlere Bedeckungsgrad war unmittelbar an der Küste und im Binnenland zu gering, an der Küste um 1 bis 1,5 Zehntel, im Süden vorwiegend um 0,1 bis 0,5 Zehntel. In Mecklenburg und im nördlichen Brandenburg wurde der Normalwert vielfach um 0,1 bis 0,5 Zehntel überschritten.

Die jährliche Sonnenscheindauer erreichte dementsprechend in Mitteldeutschland 110% bis 120% des Normalwertes, an der Küste und im höheren Bergland (besonders im Erzgebirge) 120% bis 150% des Normalwertes. Außerordentlich sonnenscheinreich waren die Monate März und April.

Januar 1954

Der Januar war bei großen Temperaturgegensätzen im Mittel zu kalt und brachte in größeren Gebieten normale Niederschläge.

Fast während des ganzen Monats herrschte mit einer einzigen Unterbrechung vom 12. bis 17. eine meridionale Strömungsanordnung vor. Bis zum 22. stand die Witterung, mit Ausnahme einzelner Tage, unter zyklonalem Einfluß. An den letzten Monatstagen war Hochdruckeinfluß wetterbestimmend.

Die Tagesmitteltemperaturen lagen bis zum 11. unter dem langjährigen Mittelwert, am 6. bis zu 10°. Am 12. setzte Erwärmung ein, und bis zum 21. blieb es mild (2° bis 6° wärmer als normal). Am 22. unterschritten die Tagesmitteltemperaturen auch im Flachland wieder die 0°-Grenze und sanken rasch auf extrem niedrige Werte ab. Der 26./27. und 30./31. waren im Binnenland um 14° bis 16° kälter als normal.

Die Monatshöchsttemperatur wurde am 15. (vorwiegend im Norden), am 16. oder am 20. (vorwiegend im Osten) beobachtet. Sie erreichte an der Küste 7° bis 9°, im Binnenland vielfach 8° bis 11° und im Mittelgebirge 2° bis 5°. Der langjährige Durchschnitt wurde damit meist um 0,5° bis 1° überschritten und nur an der Küste, im Osten und im Mittelgebirge um etwa den gleichen Betrag unterschritten.

Die Monatstiefsttemperatur stellte sich am 26. (vorwiegend an der Küste), 27./28. (vorwiegend im Südosten), 30. und vor allem am 31. ein. Sie schwankte an der Küste zwischen —14° und —18°, im Binnenland zwischen —18° und —24°. Sie blieb damit weit unter dem langjährigen Durchschnitt, meist um 4° bis 10°.

Die Zahl der Frosttage schwankte im Flachland zwischen 22 und 25 (2 bis 5 Tage mehr als normal). Im Bergland war jeder Tag des Januar ein Frosttag. Auch die Zahl der Eistage lag mit 10 bis 13 an der Küste, 16 bis 20 im binnenländischen Flachland und 27 bis 29 im Bergland um 3 bis 4 Tage an der Küste und um 8 bis 12 Tage im Binnenland über dem langjährigen Mittelwert. Strenger Frost (Minimum unter —10°) wurde im Norden an 4 bis 7 Tagen, im Süden an 9 bis 12 Tagen und im Mittelgebirge an 13 bis 21 Tagen beobachtet. An einem Tag im Norden und an 3 bis 4 Tagen im Süden (während der Strengfrostperiode am Monatsende) stieg selbst die Tageshöchsttemperatur nicht mehr auf über —10° an. Ein Ereignis, das an der Küste nur etwa alle 10 Jahre, im Binnenland etwa alle 2 bis 3 Jahre an einem Tag im Januar auftritt.

Die Monatsmitteltemperatur lag an der westmecklenburgischen Ostseeküste bei —0,3° bis —0,9°. Im Binnenland schwankte sie meist zwischen —3° und —5°. In den Mittelgebirgen ging sie auf —8° bis —10° zurück, besonders stark im Erzgebirge.

Damit war der Januar im gesamten Berichtsgebiet zu kalt, an der Küste unter dem erwärmenden Einfluß der Ostsee nur um 0,2° bis 0,8°. Nach Südosten zu und auf den Gipfeln der Mittelgebirge stieg die negative Abweichung auf —4° bis —5° an.

Niederschlag fiel während des ganzen Monats; bis zum 12. und ab 22. vorwiegend als Schnee, zwischen 13. und 21. meist als Regen. Ergiebigere Niederschläge gingen allgemein nur in der zweiten Dekade nieder. Nur der 5./6., 27./28. und 30./31. blieben im wesentlichen

Jahr: 1954 **Beobachtungsergebnisse aus dem Gebiet der DDR** **Monat: Januar**

Station	Seehöhe m	Lufttemperatur °C: Mittel	Abweichung vom Normal	Maximum	Datum	Minimum	Datum	Feuchtigkeit %	Bewölkung 0—10	Niederschlag: Summe in mm	% des Normals	Höchste Tagessumme	Datum der Messung	Zahl der Tage: Niederschlag ≧ 0,1 mm	Niederschlag ≧ 1,0 mm	Schnee ≧ 0,1 mm	heitere	trübe	Nebel	Gewitter	Sturm	Eis	Frost	Sommer	Sonnenscheindauer: Monatssumme (Stunden)	% der astr. möglichen	% der normalen
Arkona	42	—0,3	(—0,2)	6,2	16.	—14,0	31.	*83*	7,8	41	*98*	8,3	20.	18	11	15	.	15	3	.	13	5	26	.	45	*18*	—
Boltenhagen	2	—0,8	(—0,8)	9,4	15.	—14,1	30.	*83*	6,7	65	*171*	9,7	16.	19	14	14	3	11	2	2	6	10	23	.	94	*38*	—
Warnemünde	4	—0,9	(—0,6)	8,3	15.	—13,8	26.	*86*	7,3	57	*139*	14,6	17.	20	13	12	.	14	6	2	5	8	19	.	76	*31*	—
Ückermünde	1	—3,2	(—2,4)	7,4	20.	—19,7	31.	*85*	6,4	58	*142*	11,2	20.	23	14	17	2	7	.	1	6	12	24	.	—	—	—
Schwerin	59	—2,0	—1,7	9,3	16.	—13,8	26.	*88*	6,5	54	*100*	9,7	17.	16	11	11	3	9	3	1	4	13	23	.	—	—	—
Teterow	46	—2,7	(—1,7)	7,7	15./16.	—19,1	31.	*88*	6,6	62	*138*	13,8	17.	23	12	19	1	9	2	1	2	15	23	.	—	—	—
Hohennauen	28	—3,3	(—2,5)	9,3	16.	—18,7	31.	*84*	6,2	20	*51*	4,5	16.	21	7	13	5	13	1	1	2	17	23	.	95	*37*	—
Neustrelitz	66	—3,5	—2,6	7,5	16.	—19,2	31.	*85*	6,6	50	*96*	8,4	17.	22	13	18	1	13	4	1	1	16	24	.	—	—	—
Angermünde	48	—4,0	—2,9	7,8	20.	—21,5	31.	*83*	6,5	45	*107*	7,6	17.	22	11	17	3	10	4	.	2	18	24	.	94	*37*	—
Gardelegen	47	—3,1	—3,0	10,3	16.	—17,4	31.	*82*	6,0	29	*63*	5,0	13.	18	11	11	6	11	6	2	3	17	23	.	83	*32*	—
Magdeburg	79	—3,1	—2,8	10,4	16.	—17,8	31.	*80*	6,3	35	*94*	8,8	16.	20	8	13	4	11	3	.	4	16	22	.	83	*32*	*180*
Halle	111	—3,7	—3,5	10,6	16.	—19,0	31.	*83*	6,6	24	*83*	4,2	11./12.	18	8	13	3	10	1	.	3	16	23	.	75	*29*	—
Potsdam	81	—3,9	—3,2	8,3	20.	—19,3	31.	*84*	6,3	41	*89*	8,7	16.	17	12	14	5	14	3	2	1	18	23	.	86	*33*	*162*
Berlin-Lichtenberg	53	—3,4	(—2,7)	8,1	20.	—19,7	31.	(*87*)	7,0	32	*65*	5,4	10.	17	10	12	4	12	4	.	3	16	23	.	—	—	—
Jüterbog	72	—4,2	—3,5	8,5	20.	—20,3	31.	*84*	6,0	34	*97*	6,9	16.	16	11	12	4	9	2	1	2	17	23	.	76	*29*	—
Torgau	80	—4,2	—4,0	9,8	16.	—19,1	28.	*85*	6,6	30	*77*	5,2	13.	18	9	10	3	10	1	.	3	18	23	.	68	*26*	—
Frankfurt a. d. O.	52	—4,4	—3,6	7,9	20.	—20,8	31.	*82*	6,1	30	*75*	8,0	16.	19	8	15	5	10	3	.	1	20	25	.	—	—	—
Cottbus	72	—4,6	—3,9	9,2	16.	—20,2	27.	*82*	6,6	28	*68*	4,9	18.	20	8	16	3	12	1	.	3	20	24	.	73	*28*	—
Wernigerode	234	—3,4	(—3,2)	10,8	16.	—18,1	31.	*83*	7,4	59	*118*	7,7	16.	22	13	17	1	14	3	2	8	17	22	.	56	*22*	—
Erfurt	254	—4,2	—3,1	9,9	16.	—19,4	31.	*84*	7,5	52	*168*	13,5	21.	22	11	16	1	14	1	.	5	19	22	.	60	*23*	*120*
Altenburg-Ost	224	—4,7	—3,9	7,6	16.	—19,2	31.	*88*	7,2	47	*138*	8,3	10./13.	22	11	15	3	14	4	.	1	20	22	.	67	*25*	—
Wahnsdorf b. Dresden	246	—4,8	—3,8	9,1	16.	—20,6	27.	*83*	6,9	34	*90*	11,0	13.	18	10	16	3	11	6	.	2	20	24	.	62	*24*	*117*
Görlitz	237	—6,1	—4,9	6,9	20.	—23,2	28.	*86*	6,5	42	*88*	11,0	13.	18	10	17	6	9	3	.	2	20	27	.	76	*29*	—
Kalteneber	445	—4,8	(—3,1)	8,8	16.	—19,1	31.	*86*	6,9	65	*120*	11,1	21.	20	13	14	2	15	8	.	4	20	27	.	69	*26*	—
Karl-Marx-Stadt	356	—4,9	—4,0	7,6	16.	—20,9	27.	*83*	7,2	51	*90*	16,6	21.	21	10	18	3	13	6	.	.	20	25	.	62	*23*	*124*
Sonneberg-Malschalm	523	—5,6	—3,2	6,3	16.	—18,8	31.	*87*	6,7	90	*90*	32,4	21.	23	14	21	5	15	16	.	10	21	30	.	86	*32*	—
Brocken	1142	—8,4	—4,0	2,9	16.	—22,9	31.	*91*	7,7	194	*104*	19,7	10.	27	24	26	.	18	29	1	24	28	31	.	76	*29*	—
Inselsberg	914	—8,1	—4,4	5,1	16.	—24,1	31.	*94*	8,5	111	*102*	22,0	21.	28	18	28	1	21	30	.	20	27	31	.	42	*16*	*84*
Fichtelberg	1214	—10,0	—4,8	1,6	16.	—23,2	31.	*93*	7,8	107	*129*	16,7	21.	23	19	23	2	18	29	.	12	29	31	.	49	*18*	*92*

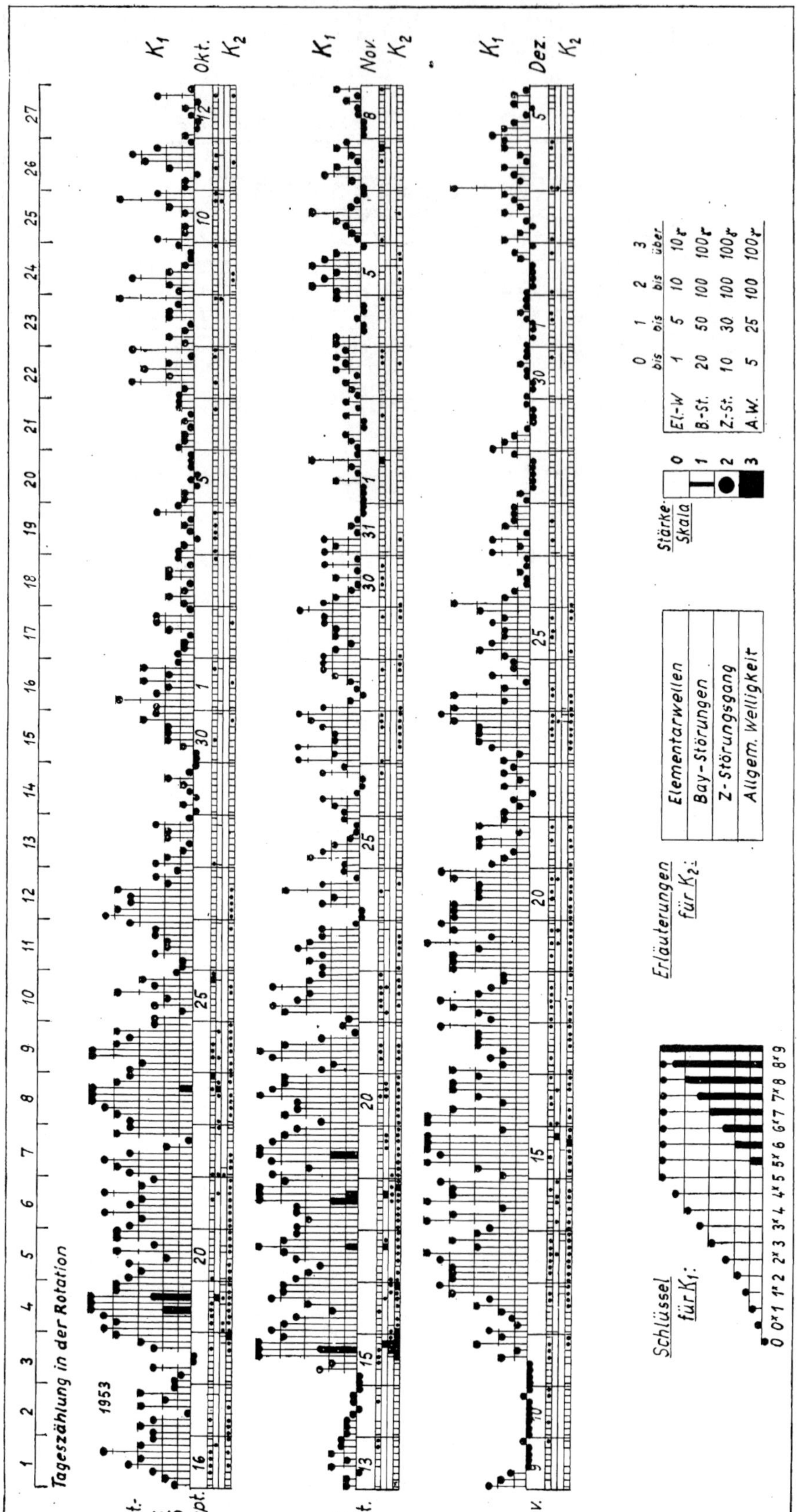

Darstellung der 1. und 2. Kennziffern in 27tägigen Sonnenrotationen für die Zeit vom 16. September bis 5. Dezember 1953 nach Beobachtungen am *Adolf-Schmidt-Observatorium für Erdmagnetismus, Niemegk* (vgl. *J. Bartels*, Z. f. Geophys. *1938*, S. 68, und *G. Fanselau*, Z. f. Met. *1949*, S. 236).

niederschlagsfrei. Die Zahl der Tage mit Niederschlag schwankte im Flachland zwischen 16 und 22, im Bergland zwischen 24 und 28. Das waren allgemein 3 bis 5 Tage mehr als normal. Auch die Zahl der Tage mit Schneefall überstieg mit 12 bis 18 im Flachland und 20 bis 28 im Bergland den Normalwert, meist um 4 bis 10 Tage. Am 15., 16. und 17. wurden verbreitet Gewitter beobachtet. Die höchste Tagessumme des Niederschlags wurde von den meisten Stationen am 13., 16. oder 21. gemessen. Sie betrug überwiegend 5 mm bis 15 mm. Nur an den Luvhängen der Mittelgebirge stieg sie stellenweise auf etwas über 30 mm an.

Die Monatssumme des Niederschlags lag in Mecklenburg sowie im Vorland der Mittelgebirge bei 50 mm bis 60 mm. In weiten Teilen des Flachlandes schwankte sie zwischen 30 mm und 40 mm. Stellenweise erreichte sie nicht ganz 25 mm. In den Mittelgebirgen wurden meist 80 mm bis 100 mm (Brocken 194 mm) gemessen.

Der Januar brachte damit zum ersten Mal seit längerer Zeit in größeren Gebieten (vor allem in Mecklenburg und im südwestlichen Mitteldeutschland) wieder übernormale Niederschlagssummen. In den übrigen Teilen des Berichtsgebietes wurden allgemein 60% bis 80% des Normalwertes festgestellt, obgleich auch hier die Niederschlagshäufigkeit höher als normal gewesen war.

Eine geschlossene Schneedecke lag im Flachland bis zum 14./15. und ab 23. Die Schneehöhen erreichten in der zweiten Periode jedoch nur sehr geringe Werte. Im Bergland blieb die Schneedecke während des ganzen Monats erhalten und erreichte, besonders im Erzgebirge, mit über 1 m recht große Höhen.

Der mittlere Bedeckungsgrad war — außer im Mittelgebirge und in den Mittelgebirgsvorländern — um 0,5 bis 1 Zehntel zu gering. Die Zahl der heiteren Tage schwankte, wie auch im langjährigen Mittel, zwischen 2 und 4. Die Zahl der trüben Tage blieb mit 12 bis 15 im Flachland und 18 bis 21 im Bergland um 2 bis 5 Tage hinter dem Normalwert zurück.

Die Monatssumme der Sonnenscheindauer erreichte mit 60 bis 90 Stunden 120% bis 160% des Normalwertes. Nur die Gipfel der Mittelgebirge blieben mit 40 bis 50 Stunden etwas zu sonnenscheinarm.

Kräftiger Nordoststurm in der südlichen Ostsee führte am 3./4. zu einer Sturmflut an der Ostseeküste. In der Nacht vom 15. zum 16. und am 16. herrschte im gesamten Berichtsgebiet Weststurm, der in Böen auch im Binnenland kurzzeitig Orkanstärke erreichte.

Provisorische Züricher Sonnenflecken-Relativzahlen für das vierte Vierteljahr 1953

nach den Beobachtungen am Observatorium Zürich und an seinen Stationen Locarno und Arosa.

Mitgeteilt von Dr. *M. Waldmeier* in Zürich.

Datum	Okt.	Nov.	Dez.	Datum	Okt.	Nov.	Dez.
1.	0	12	0	18.	0	0	0
2.	0	11	0	19.	0	0	0
3.	7	10	0	20.	0	0	0
4.	7	9	0	21.	7	0	0
5.	0	0	0	22.	0	0	0
6.	13	0	0	23.	0	0	0
7.	13	0	0	24.	7	0	8
8.	14	0	0	25.	7	0	9
9.	11	0	0	26.	12	0	9
10.	10	0	0	27.	7	0	9
11.	9	0	0	28.	7	0	10
12.	9	0	0	29.	0	0	9
13.	8	0	0	30.	0	0	0
14.	29	0	0	31.	8		0
15.	22	0	0				
16.	13	0	0	Mittel:	7,4	1,4	1,7
17.	9	0	0				

Registrierung geringer Feuchte und Beobachtung einer Luftspiegelung auf dem Fichtelberg

Am 17. 11. 1953 zeichnete der Hygrograph der Meteorologischen Station Fichtelberg (1214 m NN) von 10 Uhr bis 15 Uhr MEZ 0 % relative Feuchte auf. Die Registrierung wurde lediglich für die Dauer einer Stunde von 13 bis 14 Uhr unterbrochen, während welcher die Tinte in der Feder eingetrocknet war. Nach einer kleinen Feuchteschwankung zwischen 15 und 18 Uhr wurden nochmals 0 % erreicht.

Folgende Beobachtungswerte vom 17. 11. 1953 werden mitgeteilt (s. Tabelle).

Auf der Bodenkarte ist am 17. über Polen der Kern eines ausgedehnten Hochdruckgebietes zu erkennen, der am Tage vorher über Südschweden lag. Diese Verlagerung verursacht bei frischen bis starken Winden Einströmen trocken-kalter Luftmassen nach Mitteleuropa und bringt Auflösung der Bewölkung und gute Sicht.

Zeit	p	t	t'	R_1	R_2	R_3	e	Wind	Sicht	Bewölkung
01.08	670,4	0,8	$-5,5_w$	5	5	5	0,2	ESE 8	40	$^1/_{10}$ Ac lent, Ci fil
04	670,1	0,8	$-5,5_w$	5	5	5	0,2	SE 6	45	wolkenlos
07.08	669,9	1,1	$-5,5_w$	3	3	2	0,1	SE 8	45	$^2/_{10}$ Ac lent, Ci fil
10	670,0	4,6	$-3,4_w$	0	0	0,3	0,02	SE 11	>50	$^2/_{10}$ Ci den
13.08	669,5	5,8	$-2,6_w$	0	4	1	0,1	SE 10	>50	$^1/_{10}$ Ci den
14.08	669,5	4,3	$-2,9_w$	0	7	8	0,5	SE 10	40	$^1/_{10}$ Ci fil, den
16	669,2	3,5	$-3,2_w$	3	7	11	0,6	SE 11	35	$^1/_{10}$ Ac lent, Ci fil, den
19.08	668,8	2,2	$-4,6_w$	0	6	5	0,3	SE 10	40	$^1/_{10}$ Ci den

Zeit in MEZ, p in mm (korr. auf 0° und Normalschwere), t trockene Temperatur in °C, t' feuchte Temperatur, R_1 Hygrograph, R_2 Hygrometer, R_3 berechnete Feuchte in %, e Dampfdruck in mm, Wind in m/s.

Ein Vergleich der aspirierten Werte mit den registrierten zeigt, daß beide bis gegen 13 Uhr und wieder ab 19 Uhr gut übereinstimmen. Von 13 bis 19 Uhr jedoch ergab die Aspiration um 5—10 % höhere Werte.

Dampfdruck und Feuchte wurden nach der Sprungschen Formel unter Anbringung der Luftdruckkorrektion des Dampfdruckes berechnet, da die ausführlichen Psychrometertafeln nicht ausreichten.

Bemerkenswert ist, daß die Registrierung der geringen Feuchte mit der Beobachtung einer ganz einzigartigen Luftspiegelung des Böhmerwaldes (Seewand, Arber, Osser, Hoher Bogen) verbunden war. Es fielen vor allem die ständigen und schnellen Formveränderungen der gespiegelten Berge, die bei größter Sichtschärfe übernatürlich groß und unwahrscheinlich nahe schienen, auf.

Horst Gäbler
Wetterwarte Fichtelberg, Oberwiesenthal/Sa.

Besprechung

Koch, H. G.: Wetterheimatkunde von Thüringen. 190 Seiten mit 75 Abbildungen im Text. Jena 1953, VEB Gustav Fischer Verlag. Preis brosch. DM 16,50.

Neben den Gebieten im Bereich der Alpen ist der Thüringer Raum mit seiner lieblichen Mittelgebirgslandschaft der wechselvollste in Deutschland. Bekannt ist die Formenfülle seiner Flora und Fauna. Mit Recht spricht Prof. *Schwarz* in Jena vom „Kreuzweg der Blumen". Die besondere Mannigfaltigkeit des Wettergeschehens und Klimas ist weniger bekannt. So ist es ein großes Verdienst des Verfassers, das bisher noch nie in dem Umfange ausgewertete Beobachtungsmaterial eines der dichtesten Klimanetze jedermann zugänglich gemacht zu haben. Der Titel ist treffend, jedoch so schlicht und einfach, daß man annehmen könnte, es handle sich um eine populärwissenschaftliche Schrift, die dem Laien einen Einblick in das Sachgebiet geben solle. In Wirklichkeit ist es ein streng wissenschaftliches Buch, entstanden unter Benutzung einer großen Menge von Literatur neben den Originalaufzeichnungen und Originalregistrierungen des Klimanetzes sowie einer großen Anzahl Sonderuntersuchungen des Verfassers.

Bevor die spezielle Klimatologie des Thüringer Landes dargestellt wird, beschreibt der Verfasser die Eigenheiten der Landschaft. Zur Abrundung des Sachgebietes werden sowohl die Singularitäten im Jahresgang als auch Durchschnittswerte der Erfurter Aerologischen Aufstiege herangezogen. Im Hauptteil des Buches werden die einzelnen Witterungselemente Temperatur, Wind, Bewölkung und Niederschläge eingehend behandelt. Es folgt ein Abschnitt, der untersucht, inwieweit einzelne Wetterlagen sich im Thüringer Raum besonders auswirken. Der letzte Abschnitt enthält einen Überblick über Bioklimatologie des Menschen wie auch über Phänologie und Forstklimatologie. Ein umfangreiches Literaturverzeichnis schließt das Buch ab.

Aus dem sehr reichen Inhalt können im folgenden nur Stichproben gegeben werden.

Stau und Föhn beherrschen während eines großen Teiles des Jahres das Wetter luv- und leewärts des ziemlich steilen, von NW nach SE verlaufenden Kammes des Thüringer Waldes. Infolge der Leewirkung des Gebirges gehört das Thüringer Becken zu den wärmsten Gebieten Mitteldeutschlands und ist mit dem angrenzenden Leegebiet des Harzes durch besondere Niederschlagsarmut gekennzeichnet. Zum Glück für die Landwirtschaft ist das Niederschlagsdefizit am ausgeprägtesten in der Hauptföhnzeit, nämlich im Winter. Im Sommer ist der Geländeeinfluß sehr gering. Dann entstehen die Niederschläge durch Umlagerungen in feuchtlabilen Schichten in großer Höhe und treten als Gewitter in Erscheinung, die bald hier, bald dort strichweise über Land ziehen. Im Winter bei tiefem Kondensationsniveau und fehlender Konvektion sieht man vom Vorland aus, etwa im Bereich der Stadt Gotha, bei südlichen bis westlichen Winden eine mächtige Föhnmauer scheinbar unbeweglich über dem Kamm stehen, während unten bei fehlender oder nur hoher Bewölkung die Sonne scheint. Findet bei derselben Windrichtung flaches Aufgleiten an einer Warmfront statt, wobei die Einflußhöhe des Gebirges (etwa doppelte Gebirgshöhe) in die Höhe der aufgleitenden Luft reicht, so wird der Landregen außerordentlich verstärkt. Dabei werden sehr große Niederschlagsmengen in den vorwiegend von SW nach NE ansteigenden Tälern des östlichen Teiles des Thüringer Waldes gemessen. Das nur 525 m hoch gelegene Städtchen Steinach unweit Sonneberg erhält dadurch eine mittlere Jahresmenge von 1280 mm; das sind fast 30 mm mehr als die Jahressumme des exponierten, nach NW vorgeschobenen 916 m hohen Inselsberges. Der westliche Teil des Kammes liegt bei SW-Winden in Lee der Hohen Rhön. Spezialkarten des besonders dichten Niederschlagsnetzes um den Inselsberg lassen erkennen, daß u. U. auch auf der Leeseite der meiste Niederschlag fallen kann. So wird bei Westwinden das Maximum nicht auf dem Inselsberg, sondern in dem Orte Finsterbergen gefunden, der am Nordostabhang des Kammes liegt. Der Verfasser vermutet, daß das Aufsteigen der Luft an diesem Punkt durch einen besonderen Leewirbel verursacht wird. Die winterliche Schneedecke ist in Thüringen keineswegs nur eine Funktion der mit der Höhe abnehmenden Temperatur, sondern sehr stark von der Niederschlagsmenge abhängig. Wie der Einfluß des Geländes seinerseits wieder von der jeweiligen Wetterlage abhängig ist, wird in einer großen Anzahl Einzeluntersuchungen gezeigt, welche zumeist von Karten unterstützt und mit Zahlenmaterial belegt sind. Auch Schilderungen des Wetters von Fliegern und Beobachtern der Inselsberg-Station sind eingefügt.

Neben dem Föhn bilden die lokalen Windsysteme bei Hochdruckwetterlagen eine Eigenheit des untersuchten Raumes. Wenn auch ihre Stärke gering ist, so sind sie für das Ortsklima und das Wohlbefinden der Bewohner keineswegs bedeutungslos. Sie wirken für die Täler als Frischluftspender und tragen andererseits Industrierauch in großer Konzentration geschlossen talab. Während die engbegrenzten Berg- und Talwinde allgemein bekannt sind, kann das von der großräumigeren Ausgleichsströmung zwischen Gebirge und Niederland nicht behauptet werden. Dieser Ausgleichsströmung in Thüringen hat der Verfasser eine Reihe Untersuchungen gewidmet. Sie wirkt sich noch in dem 85 km vom Kamm entfernten Bad Kösen durch den Transport von Luftverunreinigungen teils vorteilhaft, teils nachteilig aus.

Lokalklimatische Untersuchungen sind zumeist für die Bioklimatologie ausgewertet worden. Die Ergebnisse einer Untersuchung des Klimas im Schwarzburger Kessel für forstkundliche Belange zeigten auffallende Isothermie einer mächtigen Kaltluftschicht in klaren Nächten. Eine große Anzahl Kernzählungen auf Meßfahrten ergab Linien gleicher Luftverunreinigungen um Bad Sulza. In einem Sondernetz wurden in den Jahren 1947 bis 1951 die Abkühlungsgrößen mit dem Katathermometer nach *Hill* täglich an drei Terminen gemessen. Die Bearbeitung ergab erhebliche Abweichungen der gemessenen und der aus Wind und Temperatur berechneten Katawerte. Das ist nicht verwunderlich, da in stark bewachsenem Gelände, wie z. B. an den Stationen Friedrichroda und Jena, die Ventilation auf dem Windmast wesentlich größer ist als in Manneshöhe am Katathermometerständer. Nach Meinung des Referenten ist das Katathermometer für lokale Untersuchungen gut brauchbar, kaum aber für Untersuchungen im Landesmaßstab.

Das vorliegende Werk ist eine wertvolle Bereicherung der Klimatologie und Meteorologie, das in die Handbücherei jeder Wetterdienststelle gehört, vor allem in Thüringen. Es verdient jedoch, auch außerhalb Thüringens gelesen zu werden, da es außer speziellen auch allgemeingültige Erkenntnisse vermittelt und Anregungen für entsprechende Arbeiten in anderen Landschaften gibt. In Thüringen ist es nicht nur für den Fachmann sehr wertvoll, sondern bildet eine Fundgrube heimatkundlichen Wissens sowohl für den Erdkunde-Lehrer als auch für den Förster und Landwirt. Zugleich ist es ein Beweis dafür, daß die mit Mühe gesammelten Aufzeichnungen unserer vielen ehrenamtlichen Beobachter keineswegs im Aktenschrank begraben werden, sondern als Grundlage dienen zur Gewinnung wissenschaftlicher Erkenntnisse.

Mrose.

Zeitschriftenschau

Nachrichten der Akademie der Wissenschaften der UdSSR, 1952, Nr. 6 (russisch). Serie Geographie: *A. W. Schiptschinski:* Zur Frage nach dem inneren Wasserkreislauf. *A. P. Galzow:* Die Konferenz über das Problem des Wasserkreislaufs in der Atmosphäre. — Serie Geophysik: *N. S. Mutschnik:* Einfluß des elektrischen Feldes auf die Elektrisierungsprozesse in Gewitterwolken. *I. N. Saraslawzew:* Die Ergebnisse der aktinometrischen Messungen während der Zeit der Sonnenfinsternis am 25. Februar 1952 in Taschkent. *Sch. M. Tschchaïdse:* Über die Reduktion der Koeffizienten der Durchsichtigkeit der Atmosphäre zu einer einzelnen Masse. — 1953, Nr. 1. Serie Geographie: *S. J. Geller* und *R. A. Sorokina:* Über die Folgeerscheinungen des bevorstehenden Absinkens des Wasserspiegels im Aral-See. *G. D. Richter:* Einige Gesetzmäßigkeiten bei der Entstehung und Verbreitung von Schneeverwehungen und Prinzipien zur Organisierung ihrer Bekämpfung. — Serie Geophysik: *N. S. Schischkin:* Einige physikalische Gesetzmäßigkeiten der phasenmäßigen Verwandlungen von Hydrometeoren. *I. N. Jaroslawzew:* Die Verteilung der Helligkeiten über den Himmel. Nr. 2. Serie Geographie: *S. L. Wendrow:* Veränderungen in der Frühjahrs- und in der mittleren Wasserführung der großen Ströme in der Ebene des europäischen Teils der UdSSR im Zusammenhang mit der Umgestaltung der natürlichen Bedingungen und des Einzugsgebietes. *W. M. Kurganskaja:* Charakteristik der Dürreperioden vom Standpunkt der allgemeinen atmosphärischen Zirkulation. — Serie Geophysik: *A. M. Obuchow:* Über den Einfluß schwacher Inhomogenitäten der Atmosphäre auf die Schall- und Lichtausbreitung. *M. J. Berljand:* Die Temperaturänderungen in der untersten Schicht der Atmosphäre und die Vorhersage von Frühfrösten. *M. A. Kaganow* und *A. F. Tschudnowski:* Über die Bestimmung des Wärmeleitfähigkeitskoeffizienten des Bodens. *J. I. Frenkel:* Über den photochemischen Mechanismus der Entstehung von Kondensationskernen in der Erdatmosphäre. — Nr. 3. Serie Geographie: *A. P. Galzow:* Über die klimatische Wechselwirkung zwischen bewässerten und nicht bewässerten Flächen. *W. T. Saitschikow:* Die Klimatologie in der Chinesischen Volksrepublik. — Serie Geophysik: *N. P. Twerskaja:* Die Wärmeabgabe und das Verdampfen eines Tropfens im Strom. *W. B. Milin* und *S. G. Malachow:* Die Leitfähigkeit der Luft und die turbulente Durchmischung in der Atmosphäre. *K. T. Logwinow:* ,,Dynamische Meteorologie". — Nr. 4. Serie Geographie: *M. I. Budyko* u. *O. A. Drosdow:* Gesetzmäßigkeiten des Feuchtigkeitsumsatzes in der Atmosphäre.

Nature (London), Vol. 172, 1953, Nr. 4380. Utilization of digital computing machines.

Die Naturwissenschaften, 40, 1953, Heft 17. *M. Schwarzbach:* Orogenesen und Eiszeiten. Zur Ursache des Klimawechsels in der Erdgeschichte. *O. Haxel* und *G. Schumann:* Über die radioaktive Verseuchung der Atmosphäre.

Naturwissenschaftliche Rundschau, 6, 1953, Nr. 10. *C. F. Powell:* Freiballonflüge in großen Höhen. Neue Elementarformen der Materie. *G. Neumann:* Ozean und Atmosphäre.

The Oceanographical Magazine (Tokyo), **Vol. 4.** 1953, Nr. 1. *M. Miyazaki:* On the sea level variations accompanied with the travelling atmospheric disturbances.

The Physical Review, Vol. 91, 1953, Nr. 6. *J. C. Slater, H. Statz* and *G. F. Koster:* Two-electron example of ferromagnetism. *H. E. Moses* and *Ta-You Wu:* Self-consistent calculation of the dissociation of oxygen in the upper atmosphere. II. Three-body recombinations.

Physikalische Blätter, 9, 1953, Heft 9. *F. Zwicky:* Leuchtende und dunkle Gebilde intergalaktischer Materie.

Priroda (Die Natur) UdSSR, 1953, Nr. 1. *R. I. Grabowski:* Über die Entstehung atmosphärischer Kondensationskerne.

Proceedings of the Royal Society (London), **220,** 1953, Nr. 1140. *E. N. Bramley:* Direction-finding studies of large-scale ionospheric irregularities. *C. A. Parker:* A new sensitive chemical actinometer. I. Some trials with potassium ferrioxalate. *A. J. Barnard:* The theory of condensation of supersaturated vapours in the absence of ions.

Quarterly Journal of the Royal Meteorological Society, 79, 1953, Nr. 342. *Ch. Normand:* Monsoon seasonal and forecasting. *T. W. Wormell:* Lightning. *B. J. Mason* and *R. Ramanadham:* A photoelectric raindrop spectrometer. *R. M. Goody* and *C. D. Walshaw:* The origin of atmospheric nitrous oxide. *B. J. Mason:* On the generation of charge associated with graupel formation in thunderstorms. *E. K. Bigg:* The formation of atmospheric ice crystals by the freezing of droplets. *R. W. Longley:* The length of dry and wet periods. *E. E. Austin:* Upper winds of Aden. *J. Neumann:* On a relation between the annual heat budgets of seas and lakes and other terms of the energy equation. *J. R. D. Francis* and *H. Stommel:* How much does a gale mix the surface layers of the ocean? *D. S. Cooke:* The duration of wet and dry spells at Moncton, New Brunswick. *S. Gregory:* A note on the classification of annual rainfall distribution types. *J. R. Scott:* On wind analysis in low latitudes. *C. E. Wallington:* A lee-wave scale. *C. G. Webb:* Solar radiation at Singapore.

Tellus (Stockholm), **5,** 1953, Nr. 3. *R. Fjørtoft:* On the changes in the spectral distribution of kinetic energy for twodimensional, nondivergent flow. *S. Petterssen:* On the relation between vorticity, deformation and divergence and the configuration in the pressure field. *E. N. Lorenz:* The interaction between a mean flow and random disturbances. *K. Hinkelmann:* Zur numerischen Wettervorhersage mittels Relaxationsmethode unter Einbeziehung barokliner Effekte. *I. H. Norinder* and *R. Siksna:* On the electrification of snow. *E.-Å. Brunberg* and *A. Dattner:* Experimental determination of electron orbits in the field of a magnetic dipole. *L. Dufour* et *R. Defay:* Sur la formation des germes de condensation et de solidification autour d'un noyau solide insoluble. *N. G. Jerlov* and *B. Kullenberg:* The tyndall effect of uniform minerogenic suspensions. *N. G. Jerlov:* Studies of the equatorial currents in the Pacific. *C. W. Newton* and *J. E. Carson:* Structure of wind field and variations of vorticity in a summer situation. *K. Mohri:* On the fields of wind and temperature over Japan and adjacent waters during winter of 1950—1951. *W. E. Hubert:* A case study of variations in structure and circulation about westerly jet streams over Europe. *B. Bolin:* The adjustment of a non-balanced velocity field towards geostrophic equilibrium in a stratified fluid. *G. Árnason:* A baroclinic model of the atmosphere applicable to the problem of numerical forecasting in three dimensions. II. *G. Hollmann* und *H. Reuter:* Über die Genauigkeit verschiedener Approximationen der horizontalen Windkomponenten. *L. A. Vuorela:* A synoptic study of deformation fields.

Urania, 16, 1953, Heft 11. *H. Mrose:* Niederschläge, die nicht vom Himmel fallen. *H. Mrose:* Der Tau im Volksglauben.

Die Wasserwirtschaft, 44, 1953, Nr. 1. *O. Falk:* Limnigraph für Wasserstands- und Niederschlagsmessungen.

Zeitschrift für angewandte Physik, 5, 1953, Heft 8. *W. Kroebel:* Eine Methode zur Verstärkung von extrem kleinen Thermospannungen.

Annalen der Physik, Bd. 13, 6. Folge, 1953, Heft 1—5. *G. Heber:* Quantentheorie einer neuen Ursache von Ferromagnetismus.

Bulletin of the American Meteorological Society, 34, 1953, Nr. 7. *H. B. Laird* and *W. W. Dickey:* Forecasting rain-or-snow at Denver, Colorado, September-

November. *O. Amble:* A smoothing technique for pressure maps. *R. T. Beaumont:* Cloud-seeding analysis in Oregon. *R. L. Ives, R. K. Wilkinson,* and *E. L. Kroona:* Surface winds in the salt lake desert. I. — The Beulah station record. *A. V. Carlin:* A case study of the dispersion of energy in planetary waves. *W. A. Baum:* Accrediting problems in Meteorology. *J. A. Colón:* The mean summer atmosphere of the rainy season over the western tropical Pacific Ocean.

Endeavour (London) **XII,** 1953, Nr. 48. *M. W. Chiplonkar:* Die Wellenform der atmosphärischen Störungen.

Die Erde, 1953, Heft 3—4. *V. Schytt:* Die norwegisch-britisch-schwedische Antarktisexpedition. *H. A. Quarles van Ufford:* Die Ursachen der Sturmflut vom 1. Februar 1953 in Niederland. *H. J. Keuning:* Die Sturmflut vom 1. Februar 1953 in Niederland und ihre wirtschaftlichen Auswirkungen.

Erdkunde VII, 1953, Heft 4. *J. Büdel:* Die „periglazial"-morphologischen Wirkungen des Eiszeitklimas auf der ganzen Erde. *H. Flohn:* Studien über die atmosphärische Zirkulation in der letzten Eiszeit.

Forschungen und Fortschritte 27, 1953, Nr. 5. *O. Czepa:* Zur Optik der Hydrosphäre. *W. Sandner:* Häufigkeit und Periode der Südpolarlichter.

Fortschritte der Physik 1, 1953, Heft 5. *W. I. Krassowski:* Untersuchung der Ultrarotstrahlung des Nachthimmels.

Das Gas- und Wasserfach 94, 1953, Heft 22. *W. Friedrich:* Über die Wechselwirkungen zwischen Wald und Wasser.

Gesundheitsingenieur 74, 1953, Nr. 19/20 *Wietfeldt:* Die Lüftung von Kauf- und Warenhäusern. — Nr. 21/22. *F. Roedler:* Die wahre Sonneneinstrahlung auf Gebäude. II. Teil: Berücksichtigung der Beschattung und Bewölkung. *H. U. Todt:* Gemessene Brennstoffverbräuche städtischer Schulen, Dienststellen und Heime.

Journal of Atmospheric and Terrestrial Physics (London) **4,** 1953, Nr. 1/2. *I. C. Browne* and *T. R. Kaiser:* The radio echo from the head of meteor trails. *S. Deb:* Winds in the ionospheric regions. *R. P. W. Lewis* and *D. H. McIntosh:* Geomagnetic and ionospheric relationships. *C. W. Allen:* World-wide diurnal variations in the F2 region. *G. Elwert:* The effect of soft x-rays from the solar corona on the formation of the normal ionospheric E-layer. — Nr. 3. *H. Norinder* and *R. Siksna:* Mobility of atmospheric small ions during summer nights at Uppsala. *R. Siksna:* Mobility of small atmospheric ions in the air from the ground at Uppsala. *D. R. Bates* and *A. Dalgarno:* The altitudes of the luminous layers in the earth's atmosphere. *J. A. Chalmers:* The agrimeter for continous recording of the atmospheric electric field. *F. Horner:* The reception of atmospheric at high frequencies.

Journal of Geophysical Research (USA) **58,** 1953, Nr. 3. *E. Gerjuoy* and *M. A. Biondi:* Dissociative recombination in the E-layer. *N. Davids:* Optic axes and critical coupling in the ionosphere. *J. C. Seddon:* Propagation measurements in the ionosphere with the aid of rockets. *B. Chatterjee:* Some regularities of the ionospheric F region. *Wm. A. Rense, J. M. Jackson* and *B. Todd:* Measurements of the inner zodiacal light during the total solar eclipse of February 25, 1952.

Journal of Meteorology (USA) **10,** 1953, Nr. 5. *L. J. Battan:* Observations in the formation and spread of precipitation in convective clouds. *P. B. MacCready, jr.:* Atmospheric turbulence measurements and analysis. *R. J. Reed* and *F. Sanders:* An investigation of the development of a mid-tropospheric frontal zone and its associated vorticity field. *R. Shapiro:* A planetary-atmospheric response to solar activity. *E. M. Carlstead:* A study of constant absolute vorticity trajectories on isentropic surfaces. *A. H. Woodcock:* Salt nuclei in marine air as a function of altitude and wind force. *G. Friedmann:* The height variation of lateral gustiness and its effect on lateral diffusion. *A. P. Crary:* Annual variations of upper air winds and temperatures in Alaska from acoustical measurements. *F. L. Whipple:* Winds in the upper atmosphere by meteor-train photography. *H. Arakawa:* On the time rate of work done by the eddy stresses in the free air, and the maintenance of the westerlies in middle latitudes. *R. W. James:* The earth's angular momentum balance: A nonsense problem? *A. M. Grant:* The effect of the steady-state assumption on constant vorticity trajectories. *L. Sherman:* Estimates of the vertical velocity on the vorticity equation.

Meteorologische Rundschau 6, 1953, Heft 7/8. *H. Kaiser:* Die Anwendung des Reynoldsschen Ähnlichkeitsgesetzes auf Strömungswiderstände und Ausbreitungsvorgänge in turbulenten Grenzschichten. *H. Aichele:* Lokalklimatische Froststudien am westlichen Bodensee. *E. Franken:* Statistik des ersten und letzten Auftretens von Frösten bestimmter Stärkestufen in Münster/Westfalen. *W. Gressel:* Eine für das Alpengebiet charakteristische Zirkulation. *W. Doege* und *H. D. Krebs:* Betrachtung zum Platzwetter in Neubiberg. *H. Troeger:* Die Beziehung zwischen der Änderung der Polhöhe und meteorologischen Elementen. *K. Keil:* Der Anteil Deutschlands an der Entwicklung der internationalen Zusammenarbeit auf meteorologischem Gebiet. *W. Kreutz:* Volumenänderung der Bodenoberfläche in Abhängigkeit vom Wetter. *H. G. Müller:* Zur Wärmebilanz der Schneedecke. *H. Faust:* Die mitteleuropäischen Großwetterlagen bei Existenz eines Azorentiefs.

Meteoros (Argentinien) **III,** 1953, Nr. 2—3. *A. A. Marchetti:* Probabilidad de las lluvias intensas en la ciudad de Buenos Aires. *O. Schneider:* Rastros de un efecto lunar no eliminado en los indices k de actividad geomagnética. *G. Dedebant, R. D. Maio y E. A. M. Machado:* Las funciones aleatorias y su aplicación a la Meteorología. *E. A. M. Machado:* Los procesos estocásticos de la radiación cósmica. *G. Dedebant:* La circulación del aire en la república Argentina (Historia de una investigacion cientifica.) *F. Albani:* La modificación artificial de la precipitación. *W. Schwerdtfeger:* La exactitud como problema en el radiosondeo.

Monthly Notices of the Royal Astronomical Society — Geophysical Supplement — (London) **6,** 1953, Nr. 8. *E. R. R. Holmberg:* Rapid periodic fluctuations of the geomagnetic field. I. *A. L. Hales:* The thermal contraction theory of mountain building. (Second paper). *A. H. Cook:* Adjustment of the principal gravity observations in Great Britain.

Personalnotiz

Am 24. 3. 1954 begeht der Ordinarius für Meteorologie und Geophysik an der Humboldt-Universität Berlin, Vizepräsident der Deutschen Akademie der Wissenschaften, Direktor des Instituts für Physikalische Hydrographie, Nationalpreisträger Prof. Dr. *Hans Ertel* seinen 50. Geburtstag.

Schriftleitung und mit der Herausgabe beauftragt: Prof. Dr. *H. Philipps,* Potsdam, Dr. *E. Heyer,* Potsdam, und Dr. *G. R. Haake,* Potsdam, *Verlag:* Akademie-Verlag GmbH., Berlin W 8, Mohrenstraße 39 (Fernruf 20 03 86), Postscheckkonto: 350 21 · Die Zeitschrift für Meteorologie erscheint monatlich, die Beihefte Angewandte Meteorologie in zwangloser Folge. Bezugspreis für die Z. f. Met. und für die Beihefte: je Einzelheft DM 4,—, Doppelheft DM 8,—, Vierteljahresabonnement DM 12,—. In Postzeitungsliste eingetragen · Bestellungen über die Postämter oder den Buchhandel · Bestell- u. Verlags-Nr. dieses Heftes: 1013/8/2-3 · Keine Ersatzansprüche bei Störungen durch höhere Gewalt · *Satz und Druck:* VEB Leipziger Druckhaus, Leipzig (III/18/203) · Veröffentlicht unter Lizenznummer 1208 des Amtes für Literatur und Verlagswesen der Deutschen Demokratischen Republik ·

FSC
www.fsc.org
MIX
Papier | Fördert gute Waldnutzung
FSC® C083411

Zeitfracht Medien GmbH
Ferdinand-Jühlke-Straße 7
99095 Erfurt, Deutschland
produktsicherheit@kolibri360.de